建筑工程建设与绿色建筑施工管理

赵本明　著

吉林科学技术出版社

图书在版编目（CIP）数据

建筑工程建设与绿色建筑施工管理 / 赵本明著 . --
长春 : 吉林科学技术出版社 , 2023.5
ISBN 978-7-5744-0458-8

Ⅰ . ①建… Ⅱ . ①赵… Ⅲ . ①生态建筑—施工管理
Ⅳ . ① TU18

中国国家版本馆 CIP 数据核字 (2023) 第 105638

建筑工程建设与绿色建筑施工管理

著	赵本明	
出 版 人	宛 霞	
责任编辑	程 程	
封面设计	刘梦杏	
制 版	刘梦杏	
幅面尺寸	170mm×240mm	
开 本	16	
字 数	130 千字	
印 张	8	
印 数	1-1500 册	
版 次	2023年5月第1版	
印 次	2024年1月第1次印刷	

出 版	吉林科学技术出版社	
发 行	吉林科学技术出版社	
地 址	长春市南关区福祉大路5788号出版大厦A座	
邮 编	130118	
发行部电话/传真	0431-81629529 81629530 81629531	
	81629532 81629533 81629534	
储运部电话	0431-86059116	
编辑部电话	0431-81629510	
印 刷	廊坊市印艺阁数字科技有限公司	

书 号	ISBN 978-7-5744-0458-8
定 价	48.00 元

前言 / PREFACE

建筑行业在我国经济发展中具有非常重要的作用，特别是对国家整体经济的发展和人民大众的生活质量改善具有非常重要的意义，它们之间的关系也十分密切。目前，随着时代和科技的进步，建筑行业发展迅速，竞争激烈，企业想要在市场竞争中不被淘汰，在行业中有一席之地，就必须提高工程质量，提升市场竞争力。管理在任何行业都是至关重要的，建筑行业也不例外，施工管理的水平会直接影响到一个工程的质量和安全。

我国建筑施工企业的工程项目施工管理经过多年发展，逐步形成了具有现代管理意义的工程项目施工管理。然而，随着建筑业的发展，新工艺、新技术、新材料、新装备不断涌现，同时承担的新工程可能结构更复杂，功能更特殊，装修更新颖，从而促使生产技术水平再提高，技术主装备越先进，技术管理要求越高，这也使施工管理更显重要，同时建筑施工项目管理中的问题也逐渐凸显。因此，对建筑工程施工项目管理的研究有利于企业看清自身现状，同时探索管理新方法、把握发展新机遇。

绿色施工是在国家建设"资源节约型、环境友好型"社会，倡导"循环经济、低碳经济"的大背景下提出并实施的。绿色施工从传统施工中走来，与传统施工有着千丝万缕的联系，又有很大不同。绿色施工紧扣国家循环经济的发展主题，抓住了新形势下我国推进经济转型、实现可持续发展的良好契机，明确提出了建筑业实施节能减排降耗、推进绿色施工的发展思路，对于建筑业在新形势下提升管理水平、强化能力建设、加速自身发展具有重要意义。开展绿色施工，为我国建筑业转变发展方式开辟了一条重要途径。绿色施工要求在保证安全、质量、工期和成本受控的基础上，最大限度地实现资源节约和环境保护。推行绿色施工符合国家的经济政策和产业导向，是建筑业落实科学发展观的重要举措，也是建设生态文明和美丽中国的必然要求。

本书首先介绍了建筑工程施工建设的基本知识；然后详细阐述了绿色

建筑施工管理内容，以适应建筑工程建设与绿色建筑施工管理的发展现状和趋势。

本书突出了基本概念与基本原理，在写作时尝试多方面知识的融会贯通，注重知识层次的递进，同时注重理论与实践的结合。希望可以给广大读者提供借鉴或帮助。

本书在写作过程中，参考了相关文献、资料，在此，谨对其作者表示诚挚的感谢。由于笔者水平所限，书中难免存在疏漏和不足之处，敬请读者指正。

CONTENTS

第一章　建筑工程施工建设

第一节　建筑工程施工质量管控方法

建筑工程施工质量关系到建筑行业的发展水平，影响着相关产业的未来发展。目前，由于施工质量管控不到位造成的安全事故时有发生，暴露出建筑工程施工质量管控中的一些问题。本节通过分析这些问题，提出加强质量管控的可行办法，从而达到控制施工风险的目的，实现施工质量的有力管控，提高施工单位的工作质量，提升建筑项目的整体水平。建筑工程施工质量管理是建筑工程施工三要素管理中重要的组成部分，质量管理工作不仅影响着工程的交付与正常使用，也对工程施工成本、进度产生着不容忽视的影响，为此，建筑工程施工管理工作者需要针对建筑工程施工质量管理中存在的问题，对相应优化策略做出探索。

一、建筑工程施工质量管控中的问题

(一) 对建筑工程施工人员的管控不到位

施工人员的工作质量直接决定着建筑工程的质量。但目前在施工质量管控方面，施工人员的管理还有很多不足之处。首先，施工单位管理者缺乏质量管控意识，认为只要没有发生重大质量问题，就不必进行管理，对施工人员平时的工作疏于管理。其次，施工单位没有专门的质量管控部门，平时的质量管理主要是由企业中临时组建起来的管理小组负责，由于这些管理人员缺乏相应的权限和管理经验，在实际的管理工作中，监督不到位，问题处理方案不合理，导致施工人员的工作比较随意，埋下了隐患。

（二）对施工技术的管控不足

过硬的施工技术是保证工程施工质量达标的前提。但是目前，许多施工单位对施工技术的管控依旧不到位。首先，施工单位任用的施工人员，有很多是雇用的临时工，企业为了节约施工成本，会任用那些缺乏专业能力的员工，这些施工人员的学历不高、综合素质也比较低，对于建筑施工方面的知识不了解，实际工作难以达到标准。其次，由于施工单位在施工技术研发方面的投入较少，未能及时通过培训教育等方式提升施工人员的能力，也未能引进先进的施工设备，使得整个施工工程的技术含量较低，不只是影响了施工速度，施工质量也难以保证。

（三）施工环境的质量管控不到位

施工环境主要包括两个方面：一方面是技术环境，在进行建筑施工之前，施工单位未能充分勘测施工项目所处的地理环境，施工方案与地质情况不相符，影响了施工的质量，另外，由于未能考虑到施工过程中气候、天气的变化，没有采取相应的应对措施，也会造成施工质量出现问题。另一方面是作业环境，在施工过程中，施工人员可能需要高空作业借助施工设备开展工作，由于保护措施不到位或者设备未经调试等原因，也有可能导致施工结果和预期存在偏差，使得工程项目的质量不达标。

（四）对工序工法的管控不力

建筑工程项目一般都比较复杂，涉及的施工环节比较多，工序工法关系着施工进程和质量。施工单位对于工序工法的管控不到位，也会导致质量问题。首先，工序工法的设计不合理，设计人员在对施工现场进行勘察时，没有对所有施工要素进行全面、仔细的调查，使其勘察结果存在偏差，影响了工序工法的设计。其次，没有专门对不合理工序工法进行纠正的标准，导致不合理的工序工法被应用到实际施工过程中。最后，未能按照工序工法施工，施工人员在实际的施工过程中太过随意，任意改动施工计划，打乱了施工节奏，从而影响了施工质量。

(五) 对分项工程的质量管控不足

建筑工程施工中，会将一个项目划分为多个分项工程，但施工企业在进行质量管控中却未能针对这些分项进行细化的监督和管理，导致某些分项缺乏管理，存在质量问题，影响了整体的工程质量。另外，由于施工单位没有把握住分项工程中的质量管控核心，导致质量问题凸显出来，使得工程施工质量不合格。

二、建筑工程施工质量管控的可行方法

(一) 加强对建筑工程施工人员的管控

首先，施工单位应当设立专门的质量管控部门，掌握整个建筑工程项目的每个阶段的情况，并根据实际施工工作做出合理的管理决策。其次，施工单位平时应当加强对施工人员的培训，使其熟练掌握施工技能，并且针对当前施工项目中的要点进行强调，让每个施工人员都具有自觉的质量控制意识。最后，企业在任用施工人员的时候，应当选用那些综合素质较高、拥有较强工作能力的人，从人员管控的角度出发，加强对工程施工质量的管控。

(二) 加强对施工环境的管控

施工企业应当熟悉工程项目的环境，通过控制施工环境，保障施工质量。首先，施工单位应当在开展施工工作之前，对施工现场进行全面考察，了解地质情况和气候，并且做好应对恶劣天气的准备，从而保证施工质量不受外界环境的影响。其次，施工单位应当对施工项目中一些危险性比较高的环节加强管理，避免施工过程中发生安全事故，在保证安全的前提下，按照标准的施工方案开展工作。最后，还应当做好施工机械设备的管理，运用符合施工标准的设备，并且在启用设备之前要做好相应的调试，避免因机械设备的原因，影响施工质量。

(三) 加强对工序工法的管控

首先，施工单位应该派专业的勘测人员对施工项目提前进行考察，对

勘测结果进行合理的分析，并在设计工序工法的时候考虑到所有的影响因素，根据实际情况不断地优化施工过程，从而设计出能够顺利进行的工序工法。其次，要有专业岗位针对施工的工序工法进行校验和改正。当施工过程中，出现与原本的工序工法设计不符的情况时，要及时地根据施工需求进行调整，避免不合理的工序工法影响施工质量。最后，要加强对施工过程的管理，保障施工人员严格地按照设计好的工序、工法进行施工，从而达到质量管控的目的。

(四) 加强对分项工程的质量管控

分项工程的质量，直接关系到整个施工项目的质量。加强对分项工程的质量管控，是保障施工项目质量合格的前提。施工单位应当根据不同的分项工程的特点，选用合理的施工工艺，从而保障分项工程能够满足质量要求。另外，施工单位还应当为每个分项工程配备相应的质量监督管理人员，根据既定的质量标准，对分项工程进行严格的管控，使施工项目的每一部分，都能在保证质量的前提下按期完成，并能与其他分项工程相互配合，共同达到整个工程项目的质量标准。

(五) 实现建筑工程施工质量管控的保障

要切实落实工程施工质量管控，就必须为管控工作提供相应的保障。首先，企业应当具备强烈的质量管控意识，并且设立相应的管理部门，使其运用管理权限加强对质量的管理。其次，企业应当引进先进的施工技术，从技术层面提高施工质量。再次，施工单位应当制定相应的质量管控制度，以规章制度对员工工作进行规范，保证其工作质量。最后，企业要投入足够的资金，保障施工工作能够顺利、高效地进行，从而提升工程施工质量。综上所述，在建筑工程施工过程中，对施工队伍、施工技术、施工环境、工序工法分部项目管控不严格，都会导致建筑工程施工产生各类质量问题，针对这些问题，建筑工程施工质量管理工作者有必要强化对施工各个要素的把控，从而为建筑工程施工质量的提升提供良好保障。

第二节　建筑工程施工安全综述

建筑工程项目往往有着单一性、流动性、密集性、多专业协调的特征，其作业环境比较局限，难度较大，且施工现场存在诸多不确定性因素，容易发生安全事故。在这个背景下，为了保障建筑安全生产，应将更多精力放在建筑工程施工安全管理上。下面，将先分析建筑工程施工安全事故诱因，再详细阐述相关安全管理策略，旨在打造一个安全施工环境，保证施工安全。

一、建筑工程施工安全事故诱因分析

建筑工程施工安全事故诱因主要体现于以下几个方面。

（1）人为因素。人为失误所引起的不安全行为原因主要有生理、教育、心理、环境等因素。从生理方面来看，当一个人带病上班或者有耳鸣等生理缺陷，极易产生失误行为。从心理方面来看，当一个人有自负惰性、行为草率等心理问题，会在工作中频繁出现失误情况，最终诱发施工安全事故。

（2）物的因素。其主要体现于当物处于一种非安全状态，会发生高空坠落不安全情况。如钢筋混凝土高空坠落、机器设备高空坠落等，都是安全事故的重要体现。

（3）环境因素。即在特大雨雪等恶劣环境下施工，无形中会增大安全事故发生的可能性。

二、建筑工程施工安全管理对策

（一）加强施工安全文化管理

在建筑工程施工期间，要积极普及施工安全文化，加强施工安全文化建设。施工安全文化，包括基础安全文化和专业安全文化，应在文化传播过程中采取多种宣传方式。如在公司大厅放置一台电视机，用来传播"态度决定一切，细节决定成败""合格的员工从严格遵守开始"等企业安全文化口号。在安全文化宣传期间，还可制作一个文化墙，用来展示公司简介、发展理念、施工安全典范标榜人物、安全培训专栏等，向全员普及施工安全文

化，管理好建筑工程施工安全事项。而对于施工安全文化的建设，要切实做好培育工作，帮助每一位施工人员树立起良好的安全价值观、安全生产观，从根本上解决人的问题。同时，在企业安全文化建设期间，要提醒施工人员时刻约束自己的建筑生产安全不良状态，谨记"安全第一"。另外，要依据企业发展战略，建设安全文件，让施工人员在有章可循的基础上积极调整自己的工作状态，避免出现工作失误情况影响施工安全。

（二）加强施工安全生产教育

在建筑工程施工中，安全生产教育十分紧迫，可有效控制不安全行为，降低安全事故发生概率。对于安全生产教育，要将安全思想教育、安全技术教育作为重点内容。其中在安全思想教育阶段，应面向全体施工人员，向他们讲授建筑法律法规、生产纪律等理论知识。同时，选择一些比较典型的安全生产、安全事故案例，警醒施工人员约束自己的违章作业和违章指挥行为，让施工人员真正了解到不安全行为所带来的严重影响。在安全技术教育阶段，要积极针对施工人员技术操作进行再培训。包括混凝土施工技术、模板工程施工技术、建筑防水施工技术、爆破工程施工技术等，提高施工人员技术水平，减少技术操作失误可能性。在施工安全生产教育活动中，还要注意提高施工人员安全生产素质。因部分施工人员来自不发达地区，他们整体素质较低，缺少施工经验。针对这一种情况，要加大对这一类施工人员的安全生产教育，提高他们的安全意识。同时，要定期组织形式不同的安全生产教育活动，且不定期考查全体人员安全生产常识，有效解决施工安全问题。在施工安全生产教育活动中，也要对管理人员安全管理水平进行系统化培训，确保他们能够落实好施工中新工艺、新技术等的安全管理。

（三）加强施工安全体系完善

为了解决建筑工程施工中相关安全问题，要注意完善施工安全体系。对于施工安全体系的完善，应把握好以下几个要点问题。

（1）要围绕"安全第一，预防为主"这个指导方针鼓励施工单位、建设单位、勘察设计单位、工程监理单位、分包单位全员参与施工安全体系的编制，以"零事故"为目标，合作完成施工安全体系内容的制定，共同执行安全管理制度，向"重安全、重效率"方向转变。

（2）要在保证全员参与体系内容制定基础上逐一明确体系中总则、安全管理方针、目标、安全组织机构、安全资质、安全生产责任制项目生产管理等各项细则。其中，在项目生产管理体系中，要逐一完善安全生产教育培训管理制度、项目安全检查制度、安全事故处理报告制度、安全技术交底制度等。在项目安全检查制度中，明确要求应按照制度规定对制度落实、机械设备、施工现场等事故隐患进行全方位检查，避免人为因素、环境因素、物的因素所引起的安全问题。同时，明确规定要每月举行一次安全排查活动，主要负责对技术、施工等方面的安全问题进行排查，一旦发现问题所在，立即下达安全监察通知书，实现对施工安全问题的实时监督，及时整改安全技术等方面的问题。在安全技术交底技术中，要明确要求必须进行新工艺、新技术、设备安装等的技术交底。

综上所述，人为因素、物的因素、环境因素会导致建筑工程施工安全事故，为降低这些因素所带来的影响，保证建筑工程施工安全。要做好施工安全文化管理工作，积极宣传施工安全文化概念和内涵，加强安全文化建设。同时，要做好施工安全生产方面的教育工作，要注意组织施工单位、建设单位、勘察设计单位、工程监理单位合作构建施工安全管理体系，高效控制施工中的安全问题。

第三节　建筑工程施工中的成品保护

本节分析了建筑工程施工中成品保护的重要性，对钢筋、模板、混凝土、砌体、防水工程、装饰墙面等保护措施进行了研究，并归纳总结了成品保护的注意事项，为确保施工质量以及如期完工提供了条件。

成品保护是建筑工程施工中各个专业的交叉作业，为了保证某专业施工成品免受其他专业施工的破坏而采取的整体规划措施或方案。众所周知，建筑工程施工中成品保护的程度如何，会对工程观感质量的评定构成直接影响。在工程施工中，某些分项分部工程已经完工，但其他工程还未完结，又或者有些部位已经完成，但其他部位还在施工，在这种状况下，如果不采取完善的成品保护措施，就会对部分成品造成损伤，影响工程质量，也增加了后期的修补工作量和维修费用，甚至延误工期，如果损伤较为严重的话，成品未必能够得到很好的复原，有的还会留下明显的修补痕迹，甚至形成永久性的缺陷，这也降低了工程观感质量的得分，最终影响整个工程的质量等级。可见，成品保护是非常重要的，也是降低工程成本、确保施工质量、保证如期完工的首要前提。

一、钢筋的保护

建筑工程项目中，如果钢筋已绑扎完成后要在其上进行施工时，不能踩弯、踩踏钢筋，也不能把主筋的位置挪动。为了避免浇筑下部结构混凝土时给上部钢筋带来污染，要使用塑料套管保护好结构竖向钢筋。为了保护板内上层钢筋不会形成变形和位移，板内上层钢筋要使用钢筋撑铁作支架。工程在春节放假期间为防止钢筋性能受到低温破坏，对结构预留的墙柱钢筋表面除锈处理后，采用直接在经表面凿毛的基础上浇筑 1m 高的低标号混凝土进行包裹保护，要求保护层厚度为 30mm 以上。混凝顶做成四面向外大斜坡，以便雨水能及时流走。

二、模板的保护

模板使用过程中必须尽量防止碰撞，拆模过程中杜绝撬砸，堆放时要防止模板倾覆。在拆模完成后要及时对其表面上的水泥浆、污渍等进行清洁，并用脱模剂涂刷好。要妥善地保管好模板的零部件，为防止螺杆、螺母等的锈蚀，要经常对其擦油进行润滑。拆下来的零部件要放进工具箱内，在大模吊运时吊走。

三、混凝土的保护

如果在高温、大风速等状况下进行混凝土的施工，为了防止混凝土表面的干缩开裂和过早脱水现象，在浇筑完混凝土后必须及时进行覆盖浇水。

梁柱构件的拆模时间不能太早，在棱角处要使用角钢进行保护。对于楼梯棱角则采用暗埋钢筋保护法，一般是使用 φ6 钢筋在两头及中间位置焊 3 个铁脚，暗藏于楼梯的踏内铁脚要小于 90°。将带铁脚的钢筋附在楼梯上，把位置调整好，再对铁脚使用砂浆进行固定，待到砂浆干硬之后，再做好楼梯踏步抹面，这样就把铁脚牢牢地埋置在抹面砂浆内部，钢筋则已在踏步棱角之上，棱角观感顺直，质量优良。等砂浆达到一定强度后就会非常牢固，施工人员在上面随意走动，也不会对其造成损害。

混凝土表面尽量不要和金属器具相接触，一直到混凝土达到设计强度之后。

在浇筑完混凝土地面后，必须立即做好围栏围护，断绝交通。并禁止任何人车通行，直到混凝土达到设计强度之后。

杜绝在混凝土面层上拌和、堆置水泥砂浆，若有水泥砂浆、混凝土块散落地面，必须尽快清洁，冲洗干净。

混凝土及混凝土浇灌完毕后，应对其表面及时覆盖，模板拆除后，对易损伤部位（如柱角、梯角、墙角等）采取捆绑或固定木板的附加措施加以保护。

四、砌体的保护

任何施工操作不得和正在施工、已经完工的砌体发生碰撞，比如机械吊装、脚手架搭拆、材料卸运等操作。不能对埋在砌体内的拉结钢筋进行任意弯折。为了避免砂浆溅脏墙面，要将施工电梯进出口周围的砌体进行必要的遮盖。

五、防水工程成品的保护措施

要对防水层做好严格防护，保护层制作以前，为了防止防水层的损坏，要禁止本工序之外的操作人员进入现场。众所周知，施工材料大多是容易燃烧的物质，必须强调施工现场和存料处的禁烟措施，同时消防器材也要配置到位。为防止防水层被戳坏，施工人员操作过程中不能穿带钉子的鞋。防水材料铺贴完工后，为使黏结剂结腹硬化，面层要保持至少 8h 的干燥，避免上人和走动，也不能剥动卷材搭接处。做完防水层后，在进行铺砂或浇捣细石混凝土作保护层时，要避免在防水层上直接推车。

六、楼地面的保护

在完成楼地面的抹灰操作后，在养护期间和面层强度未达到 5MPa 前，禁止上人行走或进入下道工序的施工。在铺贴块材地（楼）面之前，为避免垃圾杂物等坠入地漏对排水构成影响，可使用木塞或水泥纸给地漏做好临时性的密封。铺贴过程中，要一边铺贴，一边对表面的水泥浆进行清理，维护表面清洁。在施工过程中以及施工后都必须对花岗石做好防护，为了防止其表面产生划痕和裂纹，要避免金属、砂粒等硬物对其表面产生摩擦和损伤。新铺贴的房间必须做好临时性的封闭，如果确实需要踩踏进入则必须穿着干净的软底鞋。如果板材为花岗石，踩踏要轻盈，如果是陶瓷地砖，则要在木踏脚上行动。板块地（楼）面铺贴后，保护措施是必须在其表面覆盖锯末，在通道处搭设跳板。

七、装饰墙面的保护

镶贴好饰面砖、花岗石板后，要对油漆、沥青等后继工程有可能产生污染的地方贴纸或塑料薄膜保护。完成外墙面的饰面后，要严格禁止在楼上向下倾倒垃圾或污水。对于通道部位的柱面、门套、墙的转角等位置，镶贴饰面层后，在离楼地面 2m 高范围内要使用木板或其他材料做好保护，注意在拆架子或移动高凳子时不要对墙面形成碰撞。饰面层镶贴完成后，就不能再在墙上随意钉凿，保护好墙面以免影响其黏结性。在夏季高温季节时进行外墙抹灰要防止暴晒，因为暴晒会造成抹灰层的脱水过快。在凝结过程中，下雨时要做好面层的遮盖，并将跳板移到脚手架外，立柱向斜靠，以避免溅水污染。装饰时的垃圾处理过程，要注意垃圾按规则转运，杜绝从阳台、门窗等处直接向下倾倒。管道试水过程要派专人盯着，完毕后要检查开关，确保全部拧紧。交工前要对楼地面进行仔细清洗，清洗过程中禁止用水管放水冲洗，要使用拖把沾水清洁，以避免污水漫延。

八、装饰顶棚的成品保护

罩面板的安装要在顶棚内各种管道和线路安装调试完成后进行。安装好罩面板后，就不能擅自拆除或人为踩踏，修孔要留在管道的阀门部位或容易出故障的部位，方便检修，也便于保护内部装饰。

在进行油漆喷涂、涂料涂刷时要用塑料薄膜对门窗等进行覆盖，严格按照施工方案进行合理施工，在安装灯具和通风罩时不要对安装好的罩面板造成污染和损坏。要杜绝把吊筋固定在通风等管道上的做法，顶棚内各种管线设施要保护好，防止破坏。如果在吊顶上层楼面进行湿作业时，吊顶安排在楼面完成后方可安装。

九、竣工清理期间的成品保护

一是护。护即提前性的保护，主要措施有：第一，各楼层的门口、台阶的进出口位置要做好防护。第二，在油漆涂料等涂刷完成后，尽快清除滴落在地面、窗台等位置的涂料及污点。第三，如果房间装修完毕再进行施工时，为了避免对成品造成污染，要穿无钉鞋，戴干净的手套。

二是包。包指的是包裹，主要是为了避免成品被损伤或污染。第一，所有的门窗要全部用塑料布包好。第二，要在自喷喷头外面包一层厚度为2mm的塑料布，避免喷头被涂料油漆沾染后，影响喷头灭火感温动作的响应时间。在交工时，方可将喷头上的塑料布全部取下。第三，为防止卫浴成品被碰撞，要在已安设完的卫生器具外包一层瓦棱纸板。第四，散热器、空调风管以及风口等，制作完成后，为避免污染要在外面包裹一层厚度为2mm的塑料布，交工时方可取下塑料布。第五，配电箱、照明灯具、开关插座等在施工完成后同样也要在外面包一层厚度为2mm的塑料布以避免污染，交工时方可取下。

三是盖。盖指的是为防止损坏、堵塞等状况而进行的表面覆盖。第一，为避免落水口和排水管道的堵塞，应在安装好后做好覆盖。第二，散水制作完成后，可覆盖砂子或土层来进行保水养护并达到避免磕碰的目的。第三，所有需要防晒、保温养护的基础都应当采取适当的覆盖措施。

四是封。封指的就是局部的封闭措施。第一，如果公共走廊、楼梯、电梯前厅等部位不再修补的话，应将其进行暂时封闭。第二，室内门窗、涂刷施工完成后要立即锁闭房门。卫生间的施工完成后，也要立即进行封闭。第三，屋面结构处理及防水完工后，要将其上屋面的楼梯门或出入口进行封闭。第四，为调节室内温湿度，室内涂料完成后要设专人开关外窗等。

第四节　建筑工程施工技术要点及其创新应用

现阶段，中国的经济正在持续发展中，而建筑工程的施工要求则愈来愈多，此外，施工项目亦在持续地增多。基于此，建筑业也获得了绝好的发展机遇，发展得极其迅速，而传统建筑工程项目的施工要点也已愈来愈无法切合于新时期下的建筑工程项目施工的具体要求。所以，就急需建筑工程来完成及时的变革，多在施工技术要点上着力，尽可能地切合于建筑新时期的工程施工要求。基于对现阶段下建筑工程的施工过程中现存的问题的深层次分析，来对建筑工程的施工技术要点展开系统化、深层次的总结，并就此而提出了工程项目的施工技术要点及其创新方式。

一、建筑工程的施工技术现存的问题

（一）施工技术理论同工程实际存在某种出入

建筑工程施工过程中的技术理论、理论模型构建往往与实际情况有一定的偏差，这是一个普遍存在的问题。这就容易造成施工项目的完整性和精确性不能达到期望值。而导致施工技术理论与实际情况产生差异的原因是复杂多样的，比较常见的原因有：施工人员与理论技术人员之间存在较大的素质差异，由于缺乏较强的技术理论支撑，施工人员在实际操作中，不能有效做出符合技术理论的行为；施工现场的环境复杂程度往往超出理论技术的预期，这就导致原有的理论规划难以满足实际施工的需求。为建筑工程实际运行增大了难度，影响了工程项目的最终品质。

（二）施工技术发展影响了施工过程

目前现有的施工技术已较为完善，足以应对相对常见的施工环境。但随着越来越多的基于复杂地势环境及高技术含量的施工项目需求，对施工技术提出了更高的要求。这就需要不断发展，探索出当前乃至未来可能需求的建筑技术。事实上，在当前建筑施工技术发展中，仍有一部分相当大的精尖技术问题处于空白领域。对于某些复杂环境或者特殊建筑需求条件下的理论基础研究还相当薄弱，理性设计的缺失导致以现有施工技术应对此类复杂问题时的试错成本大大提高。不仅降低了建筑施工技术及经验发展和累积的效率，也给建筑施工质量和经济性带来负面影响。除了前沿技术理论研究的缺失，基础施工人员的建筑理念同样相对陈旧，无法满足高强度、高精度施工作业需求，对施工的整体效率及质量保证造成影响。

二、建筑工程的施工技术要点

(一) 基础施工技术的要点

地基施工技术是基础施工技术的核心。在当前以高层建筑和超高层建筑为主的施工项目中，其地基设计，通常以桩体承力技术为主流。桩体承力技术是利用钻孔灌注形成桩体整体受力，桩体周围土层加固，进而稳固整体建筑的高层超高层建筑地基施工技术。在加固桩体周围土层时，应对含水量较大的土层采取防渗漏设计以降低土层含水量，并持续监测，避免土质因较软而发生坍塌。此外，在打桩前需要进行完善的土质监测和地质勘探，合理设计桩体承载力及桩体点位，保证桩体能够达到预期的设计要求。

(二) 钢结构施工技术的要点

钢结构是构建建筑主体框架的主要部分，因此钢结构施工技术及钢结构的质量决定了建筑项目的整体质量。进行钢结构的施工时，尤其需要注意钢材的选择。钢材的选择需要严格遵循施工设计的要求，确保钢材的各项指标能够满足整体结构的使用。在施工过程中需要对选择的钢材进行防锈防腐蚀处理，对特殊结构处用到的钢材，应根据其实际情况进行额外处理，例如增加防火涂料的附着，以应对高温情况下钢材维持其稳定性等。此外，钢结构在组装焊接的过程中，尤其要注意刚性节点的组装及焊接情况，确保节点处强度和稳定性。对于刚性节点的材质设计需要更高的强度，例如在螺栓节点中，可以选用紧密型螺栓，确保满足设计需求和承载需求。

三、建筑工程的施工技术要点的创新应用

(一) 用结构设计优化技术来将施工流程确定好

结构优化一直是建筑施工技术研究的热点。在建筑项目设计上，对结构进行优化，往往能大幅降低施工难度和经费耗用，提高施工效率。较好的结构设计优化对建筑整体质量也有较大提升。因此，在建筑项目设计之初，要根据实际施工环境，综合参考优化设计，充分挖掘和利用环境便利及施工要求导向，对建筑整体、布局进行深度优化。剪力墙是其中较为经典的案例。剪力墙利用先行桩体建设，减少了暗桩的耗用，并在支撑系统完成后附加钢结构架设，增强了建筑强度的同时减省了工程成本。

(二) 混凝土施工的技术要点创新应用

混凝土是建筑项目施工中最常见最基础的施工材料，混凝土质量的好坏一定程度上决定了施工项目的质量。而在实际配置混凝土的过程中，尤其是在复杂或极端环境下，优质混凝土的配置是相当困难的。此外，在这类极端环境下，普通混凝土无法达到原有设计的需求。因此，对混凝土施工技术进行创新则尤为重要。以清水混凝土为例，由于其性质较为细腻，适用于墙体粉饰。在配置此类特殊混凝土时，需要预先设计好其配置的适宜温度、水。除此之外，对于混凝土吸水后色泽变化和硬度变化也需要提前考虑，对已配置的混凝土进行干燥处理。确保其长期不变性，以达到工程需要。

综上所述，现阶段我们国内的建筑工程施工要点具体囊括建筑基础结构施工及混凝土结构施工、钢结构施工这三大领域，而若是要针对它们来加以创新应用，则可借助于结构设计优化的技术来对设计施工流程进行辅助，并且，混凝土系统的施工以及基础部分的施工均可运用新技术来提高建筑物的性能，相信在日后的建筑施工之中，组装型建筑的建设模式将会被大加应用，基于此来提高建筑工程的建设效率及质量。并且还要针对有关人员完成培训，新型技术的迭出要能够有专业的从业人员来全面掌握，而要将新技术掌握好却并不是易事，故而，建筑单位要注重人员方面的特别培训，让他们能够掌握相应的技术。

第二章 建筑工程施工技术

第一节 施工测量技术

一、施工测量的工作内容

施工测量现场主要工作包括：对已知长度的测设、已知角度的测设、建筑物细部点平面位置的测设、建筑物细部点高程位置及倾斜线的测设等。一般建筑工程，通常先布设施工控制网，再以施工控制网为基础，开展建筑物轴线测量和细部放样等施工测量工作。

在进行建筑道路桥梁和管道等工程建设时都需要经过勘测、设计、施工三个阶段。前面所讲的大比例尺地形图的测绘和应用，都是为上述各种工程进行规划设计提供必要的资料。在设计工作完成后，就要在实地进行施工，在施工阶段所进行的测量工作，称为施工测量，又称测设或放样。

施工测量的任务是根据施工需要将设计图纸上的建(构)筑物的面和高程位置，按一定的精度和设计要求，用测量仪器测设在地面上，作为施工的依据，并在施工过程中进行一系列测量工作和指导各工序间的施工。施工测量是施工的先导贯穿于整个施工过程中。内容包括从施工前的场地平整，施工控制网的建立，到建(构)筑物的定位和基础放线；以及施工中各道工序的细部测设，构件与设备安装的测设工作在工程竣工后为了便于管理、维修和扩建，还需进行竣工测量，绘制竣工平面图；有些高大和特殊的建(构)筑物在施工期间和建成后还要定期进行变形观测以便积累资料把握变形规律，为工程设计、维护和使用提供资料。

在施工现场由于各种建(构)筑物分布面较广泛，又不是同开兴建，为了保证各个建(构)筑物在平面位置和高程上的度都能符合设计要求，互相连成统一的整体施工测量和测绘地形图一样也要遵循"从整体到局部，先控制后细部"的原则。即先在施工现场建立统一的平面控制网和高程控制网，然后以此为基础测设出各个建（构）筑物的细部。只有这样才能保证施工测量的精度。

二、施工测量的特点

施工测量和地形测图就其程序来讲恰好相反。地形测图是将地面上的地物地貌测绘在图纸上，而施工测量是将图纸上所设计的建（构）筑物按其设计位置测设到相应的地面上。其本质都是确定点的位置。与测图相比较，施工测量精度要求较高。其误差大小将直接影响建（构）筑物的尺寸和形状。测设精度又取决于建（构）筑物的大小材料用途和施工方法等因素。如工业建筑测设精度高于民用建筑；钢结构建筑物的测设精度高于钢筋混凝土结构的建筑物；装配式建筑物的测设精度高于非装配式的建筑物；高层建筑物的测设精度高于低层建筑物；等等。施工测量与施工有着密切的联系，它贯穿于施工的全过程，是直接为施工服务的。测设的质量将直接影响到施工的质量和进度。测量人员除应充分了解设计内容及对测设的精度要求，熟悉图上设计建筑物的尺寸数据以外，还应与施工单位密切配合，随时掌握工程进度及现场变动情况，使测设精度和速度能满足施工的需要。

施工现场工种多，交叉作业、干扰大，地面变动较大并有机械的振动，易使测量标志被毁。因此，测量标志从形式选点到埋设均应考虑便于使用保管和检查，如有损坏，应及时恢复。在高空或危险地段施测时，应采取安全措施，以防止事故发生。

三、施工控制网测量

（一）建筑物施工平面控制网

建筑物施工平面控制网，应根据建筑物的设计形式和特点布设，一般布设成十字轴线或矩形控制网；也可根据建筑红线定位。平面控制网的主要测量方法有直角坐标法、极坐标法、角度交会法、距离交会法等。目前一般采用极坐标法建立平面控制网。

(二) 建筑物施工高程控制网

建筑物高程控制，应采用水准测量。附合路线闭合差，不应低于四等水准的要求。水准点可设置在平面控制网的标桩或外围的固定地物上，也可单独埋设。水准点的个数不得少于两个。当采用主要建筑物附近的高程控制点时，也不得少于两个点。±0.000 高程测设是施工测量中常见的工作内容，一般用水准仪进行。

四、结构施工测量

结构施工测量的主要内容包括：主轴线内控基准点的设置、施工层的放线与抄平、建筑物主轴线的竖向投测、施工层标高的竖向传递等。建筑物主轴线的竖向投测，主要有外控法和内控法两类。多层建筑可采用外控法或内控法，高层建筑一般采用内控法。

第二节 地基与基础工程施工技术

一、土方工程施工技术

(一) 开挖

（1）无支护土方工程采用放坡挖，有支护土方工程可采用中心岛式（也称墩式）挖土、盆式挖土和逆作法挖土等方法。当基坑开挖深度不大、周围环境允许，经验算能确保土坡的稳定性时，可采用放坡开挖。

（2）中心岛式挖土，宜用于支护结构的支撑形式为角撑、环梁式或边（框）架式，中间具有较大空间情况下的大型基坑土方开挖。

（3）盆式挖土是先开挖基坑中间部分的土，周围四边留土坡，土坡最后挖除。采用盆式挖土方法可使周边的土坡对围护墙有支撑作用，有利于减少围护墙的变形。其缺点是大量的土方不能直接外运，需集中提升后装车外运。

（4）在基坑边缘堆置土方和建筑材料，或沿挖方边缘移动运输工具和机械时，一般应距基坑上部边缘不少于 2m，堆置高度不应超过 1.5m。在垂直的坑壁边，此安全距离还应适当加大。软土地区不宜在基坑边堆置弃土。

（5）开挖时应对平面控制桩、水准点、基坑平面位置、水平标高、边坡坡度等经常进行检查。

（二）土方回填

1. 土料要求与含水量控制

填方土料应符合设计要求，保证填方的强度和稳定性。一般不能选用淤泥质土膨胀土、有机质大于8%的土、含水溶性硫酸盐大于5%的土、含水量不符合压实要求的黏性土。填方土应尽量采用同类土。土料含水量一般以手握成团、落地开花为适宜。

2. 基底处理

（1）清除基底上的垃圾、草皮、树根、杂物，排除坑穴中的积水、淤泥和种植土，将基底充分夯实和碾压密实。

（2）应采取措施防止地表滞水流入填方区，浸泡地基，造成基土下陷。

（3）当填土场地地面陡于1：5时，应先将斜坡挖成阶梯形，阶高不大于1m，台阶高宽比为1：2，然后分层填土，以利于结合和防止滑动。

3. 土方填筑与压实

（1）填方的边坡坡度应根据填方高度、土的种类和其重要性确定。对使用时间较长的临时性填方边坡坡度，当填方高度小于10m时，可采用1：1.5；超过10m时，可做成折线形，上部采用1：1.5，下部采用1：1.75。

（2）填土应从场地最低处开始，由下而上整个宽度分层铺填。每层虚铺厚度应根据夯实机具确定。

（3）填方应在相对两侧或周围同时进行回填和夯实。

二、基坑验槽与局部不良地基的处理方法

（一）验槽时必须具备的资料

验槽时必须具备的资料包括：详勘阶段的岩土工程勘查报告；附有基础平面和结构总说明的施工图阶段的结构图；其他必须提供的文件或记录。

(二) 验槽前的准备工作

(1) 察看结构说明和地质勘查报告,对比结构设计所用的地基承载力、持力层与报告所提供的是否相同。

(2) 询问、察看建筑位置是否与勘查范围相符。

(3) 察看场地内是否有软弱下卧层。

(4) 场地是否为特别的不均场地,是否存在勘查方要求进行特别处理的情况而设计方没有进行处理。

(5) 要求建设方提供的场地内是否有地下管线和相应的地下设施。

(三) 验槽程序

在施工单位自检合格的基础上进行,施工单位确认自检合格后提出验收申请。由总监理工程师或建设单位项目负责人组织建设、监理、勘查,设计及施工单位的项目负责人、技术质量负责人,共同按设计要求和有关规定进行。

(四) 验槽的主要内容

(1) 根据设计图纸检查基槽的开挖平面位置、尺寸、槽底深度,检查是否与设计图纸相符,开挖深度是否符合设计要求。

(2) 仔细观察槽壁、槽底土质类型、均匀程度和有关异常土质是否存在,核对基坑土质及地下水情况是否与勘查报告相符。

(3) 检查基槽之中是否有旧建筑物基础、井、直墓、洞穴、地下掩埋物及地下人防工程等。

(4) 检查基槽边坡外缘与附近建筑物的距离,基坑开挖对建筑物稳定是否有影响。

(5) 天然地基验槽应检查、核实、分析钎探资料,对存在的异常点位进行复合检查,对于桩基应检测桩的质量是否合格。

(五) 验槽方法

地基验槽通常采用观察法。对于基底以下的土层不可见部位,通常采用针探法。

1. 观察法

（1）槽壁、槽底的土质情况，验证基槽开挖深度及土质是否与勘查报告相符，观察槽底土质结构是否被人为破坏；验槽时应重点观察柱基、墙角、承重墙下或其他受力较大部位，如有异常部位，要会同勘查、设计等有关单位进行处理。

（2）基槽边坡是否稳定，是否有影响边坡稳定的因素存在，如地下渗水、坑边堆载或近距离扰动等。

（3）基槽内有无旧的房基、洞穴、古井、掩埋的管道和人防设施等，如存在上述问题应沿其走向进行追踪，查明其在基槽内的范围、延伸方向、长度、深度及宽度。

（4）在进行直接观察时，可用袖珍式贯入仪作为辅助手段。

2. 钎探法

（1）钎探是用锤将钢钎打入坑底以下一定深度的土层内，根据锤击次数和入土难易程度来判断土的软硬情况及有无支井、点墓、洞穴、地下掩埋物等。

（2）钢钎的打入分人工和机械两种。

（3）根据基坑平面图，依次编号绘制探点平面布置图。

（4）按照钎探点顺序号进行探施工。

（5）打钎时，同一工程应钎径一致、锤重一致、用力（落距）一致。每贯入30cm通常称为一步，记录一次锤击数，每打完一个孔，填入针探记录表内，最后进行统一整理。

（6）分析钎探资料：检查其测试深度、部位，以及测试探器具是否标准，记录是否规范，对钎探记录各点的测试击数要认真分析，分析钎探击数是否均匀，对偏差大于50%的点位，分析原因，确定范围，重新补测，对异常点可采用洛阳铲进一步核查。

（7）探后的孔要用砂灌实。

3. 轻型动力触探

遇到下列情况之一时，应在基底进行轻型动力触探：①持力层明显不均匀；②浅部有软弱下卧层；③有浅埋的坑穴、古墓、古井等，直接观察难以发现时；④勘查报告或设计文件规定应进行轻型动力触探时。

三、砖、石基础施工技术

砖、石基础属于刚性基础范畴。这种基础的特点是抗压性能好，整体性、抗拉、抗弯抗剪性能较差，材料易得，施工操作简便，造价较低。适用于地基坚实、均匀，上部荷载较小，7层和7层以下的一般民用建筑和墙承重的轻型厂房基础工程。

(一) 施工准备工作要点

（1）应提前 1～2d 浇水湿润。

（2）在砖砌体转角处、交接处应设置皮数杆，皮数杆间距不应大于15m，在相对两皮数杆上砖上边线处拉准线。

（3）根据皮数杆最下面一层砖或毛石的标高，拉线检查基础垫层表面标高是否合适，如第一层砖的水平灰缝大于20mm，毛石大于30mm时，应用细石混凝找平，不得用砂浆或在砂浆中掺细砖或碎石处理。

(二) 基施技术要求

（1）砖基础的下部为大放脚、上部为基础墙。

（2）大放脚有等高式和间隔式。等高式大放脚是每砌两皮砖，两边各收进1/4砖长；间隔式大放脚是每砌两皮砖及一皮砖，轮流两边各收进1/4砖长，最下面应为两皮砖。

（3）砖基础大放脚一般采用一顺一丁砌筑形式，即一皮顺砖与一皮丁砖相间，上下皮垂直灰缝相互错开60mm。

（4）砖基础的转角处、交接处，为错缝需要应加砌配砖（3/4砖、半砖或1/4砖）。

（5）砖基础的水平灰缝厚度和垂直灰缝宽度宜为10mm。水平灰缝的砂浆饱满度不得小于80%，竖向灰缝饱满度不得低于9%。

（6）砖基础底标高不同时，应从低处砌起，并应由高处向低处搭砌。当设计无要求时，搭砌长度不应小于砖基础大放脚的高度。

（7）砖基础的转角处和交接处应同时砌筑。

（8）基础墙的防潮层，当设计无具体要求时，宜用1∶2水泥砂浆加适量防水剂铺设，其厚度宜为20mm。防潮层位置宜在室内地面标高以下一皮砖处。

(三) 石基础施工技术要求

根据石材加工后的外形规则程度，石基础分为毛石基础、料石（毛料石、粗料石、细料石）基础。

（1）毛石基础截面形状有矩形、阶梯形、梯形等。基础上部宽一般比墙厚大20cm以上。

（2）砌筑时应双挂线，分层筑，每层高度为30～40cm，大体砌平。

（3）灰缝要饱满，密实厚度一般控制在30～40mm，石块上下皮竖缝必须错开（不少于10cm，角石不少于15cm），做到丁顺交错排列。

（4）墙基需留槎时，不得留在外墙转角或纵墙与横墙的交接处，至少应离开1.0～1.5m的距离。接应做成阶梯式。沉降缝应分成两段筑，不得搭接。

四、混凝土基础与桩基础施工技术

(一) 混凝土基础施工技术

混凝土基础的主要形式有条形基础、单独基础、箱形基础等。混凝土基础工程中，分项工程主要有钢筋、模板、混凝土、后浇带混凝土和混凝土结构缝处理。

1. 单独基础浇筑

台阶式基础施工，可按台阶分层一次浇筑完毕，不允许留设施工缝。每层混凝土要一次灌足，顺序是先边角后中间，务使混凝土充满模板。

2. 条形基础浇筑

根据基础深度宜分段分层连续浇筑混凝土，一般不留施工缝。各段层间应相互衔接，每段间浇筑长度控制在2000～3000mm距离，做到逐段逐层呈阶梯形向前推进。

3. 设备基础浇筑

一般应分层浇筑，并保证上下层之间不留施工缝，每层混凝土的厚度

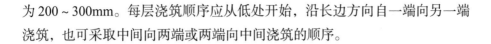

为 200 ~ 300mm。每层浇筑顺序应从低处开始，沿长边方向自一端向另一端浇筑，也可采取中间向两端或两端向中间浇筑的顺序。

(二) 混凝土预制桩、灌注的技术

1. 钢筋混凝土预制桩施工技术

钢筋混凝土预制桩打 (沉) 桩施工方法通常有：锤击沉桩法、静力压桩法及振动法等，以锤击沉桩法和静力压桩法应用最为普遍。

2 钢筋混凝土灌注桩施工技术

钢筋混凝土灌注桩按其成孔方法不同，可分为钻孔灌注桩、沉管灌注桩和人工挖孔灌注桩等。

五、人工降排地下水施工技术

基坑开挖深度浅，基坑涌水量不大时，可边开挖边用排水沟和集水井进行集水明排在软土地区基坑开挖深度超过 3m，一般采用井点降水。

(一) 明沟、集水井排水

(1) 明沟、集水井排水指在基坑的两侧或四周设置排水明沟，在基坑四角或每隔 30 ~ 40m 设置集水井，使基坑渗出的地下水通过排水明沟汇集于集水井内，然后用水泵将其排出基坑外。

(2) 排水明沟宜布置在拟建建筑基础边 0.4m 以外，沟边缘离开边坡坡脚应不小于 0.3m。排水明沟的底面应比挖土面低 0.3 ~ 0.4m。集水井底面应比沟底面低 0.5m 以上，并随基坑的挖深而加深，以保持水流畅通。

(二) 降水

降水即在基坑土方开挖之前，用真空 (轻型) 井点、喷射井点或管井深入含水层内用不断抽水方式使地下水位下降至坑底以下，同时使土体产生固结以方便土方开挖。

(1) 基坑降水应编制降水施工方案，其主要内容为：井点降水方法；井点管长度、构造和数量；降水设备的型号和数量；井点系统布置图，井孔施工方法及设备；质量和安全技术措施；降水对周围环境影响的估计及预防措施；

等等。

（2）降水设备的管道、部件和附件等，在组装前必须经过检查和清洗。滤管在运输装卸和堆放时，应防止损坏滤网。

（3）井孔应垂直，孔径上下一致。井点管应居于井孔中心，滤管不得紧靠井孔壁或插入淤泥中。

（4）井点管安装完毕应进行试运转，全面检查管路接头、出水状况和机械运转情况，一般开始出水混浊、经一定时间后出水应逐渐变清，对长期出水混浊的井点应予以停闭或更换。

（5）降水系统运转过程中应随时检查观测孔中的水位。

（6）降水施工完毕，根据结构施工情况和土方回填进度，陆续关闭和逐根拔出井点管。土中所留孔洞应立即用砂土填实。

（7）如基坑坑底进行压密注浆加固时，要待注浆初凝后再进行降水施工。

(三) 防止或减少降水影响周围环境的技术措施

（1）采用回灌技术。采用回灌井点时，回灌井点与降水井点的距离不宜小于 6m。

（2）采用砂沟、砂井回灌。回灌砂井的灌砂量，应取井孔体积的 95%，填料宜采用含泥量不大于 3%、不均匀系数在 3～5 的纯净中粗砂。

（3）减缓降水速度。

六、岩土工程与基坑监测技术

(一) 岩土工程

（1）建筑地基的岩土可分为岩石、碎石土、砂土、粉土、黏性土和人工填土。人工填土根据其组成和成因又可分为素填土、压实填土、杂填土、冲填土。

（2）规定基坑支护结构可划分为三个安全等级，不同等级采用相对应的重要性系数。对于同一基坑的不同部位，可采用不同的安全等级。

符合下列情况之一的，为一级基坑：①重要工程或支护结构做主体结构的一部分；②开挖深度大于 10m；③与邻近建筑物、重要设施的距离在开挖深度以内的基坑；④基坑范围内有历史文物、近代优秀建筑、重要管线等需严加保护的基坑。三级基坑为开挖深度小于7m，且周围环境无特别要求时的基坑。除一级和三级外的基坑属二级基坑。

(二) 基坑监测

（1）安全等级为一、二级的支护结构，在基坑开挖过程与支护结构使用期内，必须进行支护结构的水平位移监测和基坑开挖影响范围内建 (构) 筑物及地面的沉降监测。

（2）基坑工程施工前，应由建设方委托具备相应资质的第三方对基坑工程实施现场检测。监测单位应编制监测方案，经建设方、设计方、监理方等认可后方可实施。

（3）基坑围护墙或基坑边坡顶部的水平和竖向位移监测点应沿基坑周边布置，周边中部、阳角处应布置监测点。监测点水平间距不宜大于15～20m，每边监测点数不宜少于3个。监测点宜设置在围护墙或基坑坡顶上。

（4）监测项目初始值应在相关施工工序之前测定，并取至少连续观测3次的稳定值的平均值。

（5）基坑工程监测报警值应由监测项目的累计变化量和变化速率值共同控制。当监测数据达到监测报警值时，必须立即通报建设方及相关单位。

（6）基坑内采用深井降水时水位监测点宜布置在基坑中央和两相邻降水井的中间部位；采用轻型井点、喷射井点降水时，水位监测点宜布置在基坑中央和周边拐角处。监测点间距宜为20～50m。

（7）地下水位量测精度不宜低于10mm。

（8）基坑监测项目的监测频率应由基坑类别、基坑及地下工程的不同施工阶段以及周边环境、自然条件的变化和当地经验确定。当出现以下情况之一时，应提高监测频率：①监测数据达到报警值；②监测数据变化较大或者速率加快；③存在勘查未发现的不良地质；④超深、超长开挖或未及时加撑等违反设计工况施工；⑤基坑附近地面荷载突然增大或超过设计限值；⑥周边地面突发较大沉降、不均匀沉降或出现严重开裂；⑦支护结构出现开裂；⑧邻近建筑突发较大沉降、不均沉降或出现严重开裂，基坑及周边大量积水、长时间连续降雨、市政管道出现泄漏；⑨基坑底部、侧壁出现管涌、渗漏或流沙等现象。

第三节 主体结构工程施工技术

一、钢筋混凝土结构施工技术

(一)模板工程

模板工程主要包括模板和支架两部分。

1. 常见模板体系及其特性

常见模板体系主要有木模板体系、组合钢模板体系、钢框木(竹)胶合板模板体系、大模板体系、散支散拆胶合板模板体系和早拆模板体系。

除上述模板体系外，还有滑升模板、爬升模板、飞模、模壳模板、胎模及永久性压型钢板模板和各种配筋的混凝土薄板模板等。

2. 模板工程设计的主要原则

模板工程设计的主要原则是实用性、安全性和经济性。

3. 模板及支架设计的主要内容

模板及支架设计的主要内容包括：①模板及支架的选型及构造设计；②模板及支架上的荷载及其效应计算；③模板及支架的承载力、刚度和稳定性验算，绘制模板及支架施工图。

4. 模板工程安装要点

(1) 对跨度不小于 4m 的现浇钢筋混凝梁、板，其模板应按设计要求起拱；当设计无具体要求时，起拱高度应为跨度的 1/1000～3/1000。

(2) 采用扣件式钢管作高大模板支架的立杆时，支架搭设应完整。立杆上应每步设置双向水平杆，水平杆应与立杆扣接；立杆底部应设置垫板。

(3) 安装现浇结构的上层模板及其支架时，下层楼板应具有承受上层荷载的承载能力，或加设支架；上、下层支架的立柱应对准，并铺设垫板；模板及支架杆件等应分散堆放。

(4) 模板的接缝不应漏浆；在浇筑混凝土前，木模板应浇水润湿，但模板内不应有积水。

（5）模板与混凝土的接触面应清理干净并涂刷隔离剂，不得采用影响结构性能或妨碍装饰工程的隔离剂；脱模剂不得污染钢筋和混凝土接槎处。

（6）模板安装应与钢筋安装配合进行，梁柱节点的模板宜在钢筋安装后安装。

（7）后浇带的模板及支架应独立设置。

5.模板的拆除

（1）模板拆除时，拆模的顺序和方法应按模板的设计规定进行。当设计无规定时可采取先支的后拆、后支的先拆，先拆非承重模板、后拆承重模板的顺序，并应从上而下进行拆除。

（2）当混凝土强度达到设计要求时，方可拆除底模及支架；当设计无具体要求时，同条件养护试件的混凝土抗压强度应符合规定。

（3）当混凝土强度能保证其表面及棱角不受损伤时，方可拆除侧模。

（4）快拆支架体系的支架立杆间距不应大于2m。拆模时应保留立杆并顶托支承楼板，拆模时的混凝土强度取构件跨度2m，并按规定确定。

（二）钢筋工程

1.原材料进场检验

钢筋进场时，应按规范要求检查产品合格证、出厂检验报告，并按现行国家标准的相关规定抽取试件做力学性能检验，合格后方准使用。

2钢筋配料

为使钢筋满足设计要求的形状和尺寸，需要对钢筋进行弯折，而弯折后钢筋各段的长度总和并不等于其在直线状态下的长度，所以要对钢筋剪切下料长度加以计算。

3.钢筋代换

钢筋代换时，应征得设计单位的回复意见并办理相应设计变更文件。代换后钢筋的间距锚固长度、最小钢筋直径、数量等构造要求和受力、变形情况，均应符合相应规范要求。

4.钢筋连接

钢筋连接常用的方法有焊接、机械连接和绑扎连接三种。钢筋接头位置宜设置在受力较小处。同一纵向受力钢筋不宜设置两个或两个以上接头。接头末端至钢筋弯起点的距离不应小于钢筋直径的 10 倍。

5. 钢筋加工

（1）钢筋加工包括调直、除锈、下料切断、接长、弯曲成型等。

（2）钢筋宜采用无延伸功能的机械设备进行调查，也可采用冷拉调直。当采用冷拉调直时，HPB300 光圆钢筋的冷拉率不宜大于 4%，HRB335、HRB00、HRB500、HRBF33、HRBF400、HRBF00 及 RB400 带肋钢筋的冷拉率不宜大于 1%。

（3）钢筋除锈：一是在钢筋冷拉或调查过程中除锈；二是可采用机械除锈机除锈、喷砂除锈、酸洗除锈和手工除锈等。

（4）钢筋下料切断可采用钢筋切断机或手动液压切断器进行。钢筋的切断口不得有马蹄形或起弯等现象。

6. 钢筋安装

（1）柱钢筋绑扎。①柱钢筋的绑扎应在柱模板安装前进行。②纵向受力钢筋有接头时，设置在同一构件内的接头宜相互错开。③每层柱第一个钢筋接头位置距楼地面高度不宜小于 500mm、柱高的 1/6 及柱截面长边（或直径）的较大值。④框架梁、牛腿及柱帽等钢筋，应放在柱子纵向钢筋的内侧。如设计无特殊要求，当柱中纵向受力钢筋直径大于 25mm 时，应在搭接接头两个端面外 100mm 范围内各设两个箍筋，其间距宜为 50mm。

（2）墙钢筋绑扎。①墙钢筋绑扎应在墙模板安装前进行。②墙的垂直钢筋每段长度不宜超过 4m（钢筋直径不大于 12mm）或 6m（钢筋直径大于 12mm）或层高加搭接长度，水平钢筋每段长度不宜超过 8m，以利于绑扎。钢筋的弯钩应朝向混凝土内。③采用双层钢筋网时，在两层钢筋间应设置撑铁或绑扎架，以固定钢筋间距。

（3）梁、板钢筋绑扎。①连续梁、板的上部钢筋接头位置宜设置在跨中 1/3 跨度范围内，下部钢筋接头位置宜设置在梁端 1/3 跨度范围内。②板上部的负筋要防止被踩下，特别是雨篷、挑檐、阳台等悬臂板，要严格控制负筋位置，以免拆模后断裂。③板、次梁与主梁交叉处，板的钢筋在上，次梁的钢筋居中，主梁的钢筋在下；当有圈梁或垫梁时，主梁的钢筋在上。④框架节点处钢筋穿插十分密时，应特别注意梁顶面主筋间的净距要有 30mm，

以利于浇筑混凝土。

（4）细部构造处理。①梁、柱的箍筋弯钩及焊接封闭箍筋的对焊点应沿纵向受力钢筋方向错开设置。构件同一表面，焊接封闭箍筋的对焊接头面积百分率不宜超过 50%。②填充墙构造柱纵向钢筋宜与框架梁钢筋共同绑扎。③当设计无要求时，应优先保证主要受力构件和构件中主要受力方向的钢筋位置。框架节点处梁纵向受力钢筋宜置于柱纵向钢筋内侧；次梁钢筋宜放在主梁钢筋内侧；剪力墙中水平分布钢筋宜放在外部，并在墙边弯折锚固。④采用复合箍筋时，箍筋外围应封闭。

（三）混凝土工程

1. 混凝土用原材料

（1）水泥品种与强度等级应根据设计、施工要求以及工程所处环境条件确定；普通混凝土结构宜选用通用硅酸盐水泥，有特殊需要时，也可选用其他品种的水泥；对于有抗渗抗冻融要求的混凝土，宜选用硅酸盐水泥或普通硅酸盐水泥；处于潮湿环境的混凝土结构，当使用碱活性骨料时，宜采用低碱水泥。

（2）粗骨料宜选用粒形良好、质地坚硬的洁净碎石或卵石。粗骨料最大粒径不应超过构件截面最小尺寸的 1/4，且不应超过钢筋最小净间距的 3/4；对实心混凝土板，粗骨料的最大粒径不宜超过板厚的 1/3，且不应超过 40mm。

（3）细骨料宜选用级配良好、质地坚硬、颗粒洁净的天然或机制砂，宜选用Ⅱ区中砂。

（4）对于有抗渗、抗冻融或其他特殊要求的混凝土，宜选用连续级配的粗骨料，最大粒径不宜大于 40mm。

（5）未经处理的海水严禁用于钢筋混凝土和预应力混凝拌制和养护。

（6）应检验混凝土外加剂与水泥的适应性，符合要求方可使用。不同品种外加剂复合使用时，应注意其相容性及对混凝土性能的影响，使用前应进行试验，满足要求方可使用。严禁使用对人体产生危害、对环境产生污染的外加剂。对于含有尿素、氨类等有刺激性气味成分的外加剂，不得用于房屋建筑工程中。

2.混凝土配合比

(1)混凝土配合比应根据原材料性能及对混凝的技术要求(强度等级、耐久性和工作性等),由具有资质的试验室进行计算,并经试配、调整后确定。

(2)混凝土配合比应采用重量比,且每盘混凝土试配量不应小于20L。

(3)对采用搅拌运输车运输的混凝土,当运输时间可能较长时,试配时应控制混凝土坍落度经时损失值。

(4)试配掺外加剂的混凝土时,应采用工程使用的原材料,检测项目应根据设计及施工要求确定,检测条件应与施工条件相同。当工程所用原材料或混凝土性能要求发生变化时,应再进行试配试验。

3.混凝土的搅拌与运输

(1)混凝土搅拌应严格掌握混凝土配合比,当掺有外加剂时,搅拌时间应适当延长。

(2)混凝土在运输中不应发生分层、离析现象,否则应在浇筑前二次搅拌。

(3)尽量减少混凝土的运输时间和转运次数,确保混凝土在初凝前运至现场并浇筑完毕。

(4)采用搅拌运输车运送混凝土,运输途中及等候卸料时,不得停转;卸料前,宜快速旋转搅拌20s以上后再卸料。当落度损失较大不能满足施工要求时,可在车罐内加入适量的与原配合比相同成分的减水剂。减水剂加入量应事先由试验确定,并应做出记录。

4.泵送混凝土

(1)泵送混凝土具有输送能力大、效率高、连续作业、节省人力等优点

(2)泵送混凝土配合比设计:①泵送混凝的落度不宜低于100mm;②用水量与胶凝材料总量之比不宜大于0.6;③泵送混凝的胶凝材料总量不宜小于300kg/m³;④泵送混凝土宜掺用适量粉煤灰或其他活性矿物掺和料,掺粉煤灰的泵送混凝土配合比设计,必须经过试配确定,并应符合相关规范要求;⑤泵送混凝土掺加的外加剂品种和掺量宜由试验确定,不得随意使用,当掺用引气型外加剂时,其含气量不宜大于4%。

(3)泵送混凝土搅拌时,应按规定顺序进行投料,并且粉煤灰宜与水泥

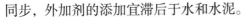

同步，外加剂的添加宜滞后于水和水泥。

（4）混凝土泵或泵车应尽可能靠近浇筑地点，浇筑时由远至近进行。混凝土供应要保证泵能连续工作。

5. 混凝土浇筑

（1）浇筑混凝土前，应清除模板内或垫层上的杂物。表面干燥的地基、垫层、模板上应洒水湿润；现场环境温度高于35℃时宜对金属模板进行洒水降温；洒水后不得留有积水。

（2）混凝土输送宜采用泵送方式。混凝土粗骨料最大粒径不大于25mm时，可采用内径不小于125mm的输送泵管；混凝土粗骨料最大粒径不大于40mm时，可采用内径不小于150mm的输送泵管。

（3）在浇筑竖向结构混凝土前，应先在底部填以不大于30mm厚与混凝土中水泥砂配比成分相同的水泥砂浆；浇筑过程中混凝土不得发生离析现象。

（4）柱、墙模板内的混凝浇筑时，当无可靠措施保证混凝土不产生离析时，其自由倾落高度应符合如下规定：①粗骨料粒径大于25mm时，不宜超过3m；②粗骨料粒径不大于25mm时，不宜超过6m。当不能满足时，应加设串筒、溜管、溜槽等装置。

（5）浇筑混凝土应连续进行。当必须间歇时，其间歇时间宜尽量缩短，并应在前层混凝土初凝之前，将次层混凝土浇筑完毕，否则应留置施工缝。

（6）混凝土宜分层浇筑，分层振捣。当采用插入式振捣器振捣普通混凝土时，应快插慢拔，振捣器插入下层混凝土内的深度应不小于50mm。

（7）梁和板宜同时浇筑混凝土，有主次梁的楼板宜顺着次梁方向浇筑，单向板宜沿着板的长边方向浇筑，拱和高度大于1m时的梁等结构，可单独浇筑混凝土

6. 施工缝

（1）施工缝的位置应在混凝土浇筑之前确定，并宜留置在结构受剪力较小且便于施工的部位。施工缝的留置位置应符合下列规定：①柱、墙水平施工缝可留设在基础、楼层结构顶面，柱施工缝与结构上表面的距离宜为0~100mm，墙施工缝与结构上表面的距离宜为0~300mm；②柱、墙水平施工缝也可留设在楼层结构底面，施工缝与结构下表面的距离宜为0~50mm，

当板下有梁托时，可留设在梁托下 0～20mm；③高度较大的柱、墙梁以及厚度较大的基础可根据施工需要在其中部留设水平施工缝，必要时，可对配筋进行调整，并应征得设计单位认可；④有主次梁的楼板垂直施工缝应留设在次梁跨度中间的 1/3 范围内；⑤单向板施工缝应留设在平行于板短边的任何位置；⑥楼梯梯段施工缝宜设置在梯段板跨度端部的 1/3 范围内；⑦墙的垂直施工缝宜设置在门洞口过梁跨中 1/3 范围内，也可留设在纵横交接处；⑧在特殊结构部位留设水平或垂直施工缝应征得设计单位同意。

（2）在施工缝处继续浇筑混凝土时，应符合下列规定：①已浇筑的混凝土，其抗压强度不应小于 1.2N/mm²；②在已硬化的混凝土表面，应清除水泥薄膜和松动石子以及软弱混凝土层，并加以充分湿润和冲洗干净，且不得积水；③在浇筑混凝土前，宜先在施工缝处铺一层水泥浆（可掺适量界面剂）或与混凝内成分相同的水泥砂浆；④混凝土应细致捣实，使新旧混凝土紧密结合。

7. 后浇带的设置和处理

（1）后浇带通常根据设计要求留设，并保留一段时间（若设计无要求，则至少保留 14d 并经设计确认）后再浇筑，将结构连成整体。

（2）后浇带应采取钢筋防锈或阻锈等保护措施。

（3）填充后浇带，可采用微膨胀混凝土，强度等级比原结构强度提高二级，并保持至少 14d 的湿润养护。后浇带接缝处按施工缝的要求处理。

8. 混凝土的养护

（1）混凝土浇筑后应及时进行保湿养护，保湿养护可采用洒水、覆盖、喷涂养护剂等方式。选择养护方式应考虑现场条件、环境温湿度、构件特点、技术要求、施工操作等因素。

（2）对已浇筑完毕的混凝土，应在混凝土终凝前（通常为混凝浇筑完毕后 8～12h 内）开始进行自然养护。

（3）混凝土的养护时间，应符合下列规定：①采用硅酸盐水泥、普通硅酸盐水泥或矿渣硅酸盐水泥配制的混凝土，不应少于 7d，采用其他晶种水泥时，养护时间应根据水泥性能确定；②采用缓凝型外加剂、大掺量矿物掺合料配制的混凝土，不应少于 14d；③抗渗混凝土、强度等级 C60 及以上的混凝土，不应少于 14d；④后浇带混凝土的养护时间不应少于 14d；⑤地下室底层墙、柱和上部结构首层墙、柱宜适当增加养护时间。

9. 大体积混凝土施工

（1）大体积混凝土施工应编制施工组织设计或施工技术方案。大体积混凝土工程施工前，宜对施工阶段大体积混凝土浇筑体的温度、温度应力及收缩应力进行试算，并确定升温峰值、里表温差及降温速率的控制指标，制定相应的温控技术措施。

（2）温控指标宜符合下列规定：①混凝土浇筑体在入模温度基础上的温升值不宜大于50℃；②混凝土浇筑块体的里表温差（不含混凝收缩的当量温度）不宜大于25℃；③混凝土浇筑体的降温速率不宜大于2.0℃/d；④混凝浇筑体表面与大气温差不宜大于20℃。

（3）配制大体积混凝土所用水泥应选用中、低热硅酸盐水泥或低热矿渣硅酸盐水泥，大体积混凝土施工所用水泥其3d的水化热不宜大于240kJ/kg，7d的水化热不宜大于270kJ/kg。细骨料宜采用中砂，粗骨料宜选用粒径5~31.5mm，并连续级配；当采用非泵送施工时，粗骨料的粒径可适当增大。

（4）大体积混凝土采用混凝土60d或90d强度作为指标时，应将其作为混凝土配合比的设计依据。所配制的混凝土拌和物，到浇筑工作面的坍落度不宜低于160mm。拌和水用量不宜大于175kg/m；水胶比不宜大于0.50；砂率宜为35%~42%；泌水量宜小于10L/m^3。

（5）当运输过程中出现离析或使用外加剂进行调整时，搅拌运输车应进行快速搅拌，时间应不小于120s；运输过程中严禁向拌和物中加水。运输过程中，坍落度损失或离析严重，经补充外加剂或快速搅拌已无法恢复混凝土拌合物的工艺性能时，不得浇筑入模。

（6）大体积混凝土工程的施工宜采用整体分层连续浇筑施工或推移式连续浇筑施工，层间最长的间歇时间不应大于混凝土的初凝时间。混凝土浇筑宜从低处开始，沿长边方向自一端向另一端进行。当混凝土供应量有保证时，亦可多点同时浇筑。混凝土宜采用二次振捣工艺。整体连续浇筑时每层浇筑厚度宜为300~500mm。

（7）超长大体积混凝土施工，应选用下列方法控制结构不出现有害裂缝：①留置变形缝；②后浇带施工；③跳仓法施工（跳仓间隔施工的时间不宜小于7d）。

（8）大体积混凝土浇筑面应及时进行二次抹压处理。

（9）大体积混凝土应进行保温保湿养护，在每次混凝土浇筑完毕后，除应按普通混凝土进行常规养护外，尚应及时按温控技术措施的要求进行保温养护。保湿养护的持续时间不得少于14d，保持混凝土表面湿润。保温覆盖层的拆除应分层逐步进行，当混凝土的表面温度与环境最大温差小于20℃时，可全部拆除。在混凝土浇筑完毕初凝前，宜立即进行喷雾养护工作。

（10）大体积混凝土浇筑体里表温差、降温速率、环境温度及温度应变的测试，在混凝土浇筑后1~4天，每4h不得少于1次；5~7天，每8h不得少于1次；7天后，每12h不得少于1次，直至测温结束。

二、砌体结构工程施工技术

（一）砌体结构的特点

砌体结构是以块材和砂浆砌筑而成的墙、柱作为建筑物主要受力构件的结构，是砖砌体、砌块砌体和石砌体结构的统称。砌体结构具有如下特点：①容易就地取材，比使用水泥、钢筋和木材造价低；②具有较好的耐久性、良好的耐火性；③保温隔热性能好，节能效果好；④施工方便，工艺简单；⑤具有承重与围护双重功能；⑥自重大，抗拉、抗剪、抗弯能力低；⑦抗震性能差；⑧砌筑工程量繁重，生产效率低。

（二）砌筑砂浆

1. 砂浆原材料要求

（1）水泥：水泥进场时应对其品种、等级、包装或散装仓号、出厂日期等进行检查并应对其强度、安定性进行复验。水泥强度等级应根据砂浆品种及强度等级的要求进行选择，M15及以下强度等级的砌筑砂浆宜选用32.5级的通用硅酸盐水泥或砌筑水泥；M15以上强度等级的砌筑砂浆宜选用42.5级普通硅酸盐水泥。

（2）砂：宜用过筛中砂，砂中不得含有有害杂物。

（3）拌制水泥混合砂浆的建筑生石灰、建筑生石灰粉熟化为石灰膏，其熟化时间分别不得少于7d和2d。

2. 砂浆配合比

（1）砌筑砂浆配合比应通过有资质的实验室，根据现场实际情况试配确定，并同时满足稠度、分层度和抗压强度的要求。

（2）当砂浆的组成材料有变更时，应重新确定配合比。

（3）砌筑砂浆的度通常为 30～90mm；在筑材料为粗、多孔且吸水较大的块料或在干热条件下砌筑时，应选用较大稠度值的砂浆，反之应选用稠度值较小的砂浆。

（4）砌筑砂浆的分层度不得大于 30mm，确保砂浆具有良好的保水性。

（5）施工中不应采用强度等级小于 M5 水泥砂浆替代同强度等级水泥混合砂浆，如需替代，应将水泥砂浆提高一个强度等级。

3. 砂浆的拌制及使用

（1）砂浆现场拌制时，各组分材料应采用重量计量。

（2）砂浆应采用机械搅拌，搅拌时间自投料完算起：水泥砂浆和水泥混合砂浆不得少于 120s；水泥粉煤灰砂浆和掺用外加剂的砂浆不得少于 180s；掺液体增塑剂的砂浆应先将水泥、砂干拌混合均匀后，将混有增塑剂的拌和水倒入干混砂浆中继续搅拌；掺固体增塑剂的砂浆，应先将水泥、砂和增塑剂干拌混合均匀后，将拌和水倒入其中继续搅拌，从加水开始，搅拌时间不应少于 210s。

（3）现场拌制的砂浆应随拌随用，拌制的砂浆应在 3h 内使用完毕；当施工期间最高气温超过 30℃时，应在 2h 内使用完毕。预拌砂浆及蒸压加气混凝土砌块专用砂浆的使用时间应按照厂家提供的说明书确定。

4. 砂浆强度

（1）由边长为 70.7cm 的正方体试件，经过 28d 标准养护，测得一组 3 块试件的抗压强度值来评定。

（2）砂浆试块应在搅拌机出料口随机取样、制作，同盘砂浆应制作一组试块。

（3）每检验一批不超过 250m³ 体的各种类型及强度等级的砌筑砂浆，每台搅拌机应至少抽验一次。

(三) 砖体工程

(1) 筑烧结普通砖、烧结多孔砖、蒸压灰砂砖、蒸压粉煤灰砖砌体时，砖应提前 1～2d 适度湿润，严禁采用干砖或处于吸水饱和状态的砖砌筑，块体湿润率宜符合下列规定：①烧结类块体的相对含水率为 60%～70%；②混凝土多孔砖及混凝土实心砖不需浇水湿润，但在气候干燥、炎热的情况下，宜在砌筑前对其喷水湿润。其他非烧结类块体的相对含水率宜为 40%～50%。

(2) 砌筑方法有"三一"砌筑法、挤浆法 (铺浆法)、刮浆法和满口灰法四种。通常宜采用"三一"砌筑法，即一铲灰、一块砖、一揉压的砌筑方法。当采用铺浆法砌筑时铺浆长度不得超过 750mm，施工期间气温超过 30℃时，铺浆长度不得超过 500mm。

(3) 设置皮数杆：在砖体转角处、交接处应设置皮数杆，皮数杆上标明砖皮数灰缝厚度以及竖向构造的变化部位。皮数杆间距不应大于 15m。在相对两皮数杆上砖上边线处拉水准线。

(4) 砖墙砌筑形式：根据砖墙厚度不同，可采用全顺、两平一侧、全丁、一顺一丁、梅花丁或三顺一丁等砌筑形式。

(5) 240mm 厚承重墙的每层墙的最上一皮砖，砖砌体的阶台水平面上及挑出层的外皮砖，应整砖丁砌。

(6) 弧拱式及平拱式过梁的灰缝应砌成形缝，拱底灰缝宽度不宜小于 5mm，拱顶灰缝宽度不应大于 15mm，拱体的纵向及横向灰缝应填实砂浆；平拱式过梁拱脚下面应伸入墙内不小于 20mm；砖砌平拱过梁底应有 1% 的起拱。

(7) 砖过梁底部的模板及其支架拆除时，灰缝砂浆强度不应低于设计强度的 75%。

(8) 砖墙灰缝宽度宜为 10mm，且不应小于 8mm，也不应大于 12mm。砖墙的水平灰缝砂浆饱满度不得小于 80%；垂直灰缝宜采用挤浆或加浆方法，不得出现透明缝、瞎缝和假缝。

(9) 在砖墙上留置临时施工洞口，其侧边离交接处墙面不应小于 500mm，洞口净宽不应超过 1m。抗震设防烈度为 9 度地区建筑物的施工洞口位置，应会同设计单位确定，临时施工洞口应做好补砌。

（10）不得在下列墙体或部位设置脚手眼：①120mm厚墙、清水墙、料石墙、独立柱和附墙柱；②过梁上与过梁成60°角的三角形范围及过梁净跨度1/2的高度范围内；③宽度小于1m的窗间墙；④门窗洞口两侧石砌体300mm，其他砌体200mm范围内；转角处石砌体600mm，其他砌体450mm范围内；⑤梁或梁垫下及其左右500mm范围内；⑥设计不允许设置脚手眼的部位；⑦轻质墙体；⑧夹心复合墙外叶墙。

（11）脚手眼补砌时，应清除脚手眼内掉落的砂浆、灰尖，脚手眼处砖及填塞用砖应湿润，并应填实砂浆。

（12）设计要求的洞口、沟槽、管道应于砌筑时正确留出或预埋，未经设计同意，不得打凿墙体和在墙体上开凿水平沟槽。宽度超过300mm的洞口上部应有钢筋混凝土过梁，不应在截面长边小于500mm的承重墙体、独立柱内埋设管线。

（13）砖砌体的转角处和交接处应同时砌筑，严禁无可靠措施的内外墙分砌施工。在抗震设防烈度为8度及以上地区，对不能同时砌筑而又必须留置的临时间断处应砌成斜槎，普通砖砌体斜槎水平投影长度不应小于高度的2/3，多孔砖砌体的斜槎长高比不应小于1/2。斜槎高度不得超过一步脚手架的高度。

（14）非抗震设防及抗震设防烈度为6度、7度地区的临时间断处，当不能留斜槎时除转角处外，可留直槎，但直槎必须做成凸槎，且应加设拉结钢筋，拉结钢筋应符合下列规定：①每12mm厚墙放置16拉结钢筋（12mm厚墙放置246拉结钢筋）；②间距沿墙高不应超过500mm，且竖向间距偏差不应超过100mm；③埋入长度从留处算起每边均不应小于500mm，抗震设防烈度6度、7度地区，不应小于1000m；④末端应有90°弯钩。

（15）设有钢筋混凝土构造柱的抗震多层砖房，应先绑扎钢筋，然后砌砖墙，最后浇筑混凝土。墙与柱应沿高度方向每500mm设246拉筋，每边伸入墙内不应少于1m；构造柱应与圈梁连接；砖墙应砌成马牙槎，每一马牙槎沿高度方向的尺寸不超过300mm，马牙槎从每层柱脚开始，先退后进。该层构造柱混凝土浇筑完以后，才能进行上一层施工。

（16）砖墙工作段的分段位置，宜设在变形缝、构造柱或门窗洞口处；相邻工作段的砌筑高度不得超过一个楼层高度，也不宜大于4m。

（17）正常施工条件下，砖砌体每日筑高度宜控制在 1.5m 或一步脚手架高度内。

（四）混凝土小型空心块体工程

（1）混凝土小型空心砌块分普通混凝土小型空心砌块和轻集料混凝土小型空心砌块（简称小砌块）两种。

（2）施工采用的小砌块的产品龄期不应小于 28d。承重墙体使用的小砌块应完整无破损、无裂缝。砌筑小砌块砌体，宜选用专用小砌块砌筑砂浆。

（3）普通混凝土小型空心砌块砌体，不需对小砌块浇水湿润；如遇天气干燥、炎热宜在砌筑前对其喷水湿润；对轻集料混凝土小砌块，应提前浇水湿润，块体的相对含水率宜为 40% ~ 50%。雨天及小砌块表面有浮水时，不得施工。

（4）施工前，应按房屋设计图编绘小砌块平、立面排块图，施工中应按排块图施工。

（5）当砌筑厚度大于 190m 的小块墙体时，宜在墙体内外侧双面挂线。小砌块应将生产时的底面朝上反砌于墙上，小砌块墙体宜逐块坐（铺）浆砌筑。

（6）底层室内地面以下或防潮层以下的砌体，应采用强度等级不低于 C20（或 Cb20）的混凝土灌实小砌块的孔洞。

（7）在散热器、厨房和卫生间等设置的卡具安装处砌筑的小砌块，宜在施工前用强度等级不低于 C20（或 Cb20）的混凝土将其孔洞灌实。

（8）小砌块墙体应孔对孔、肋对肋错缝搭砌。单排孔小砌块的搭接长度应为块体长度的 1/2；多排孔小砌块的搭接长度可适当调整，但不宜小于小砌块长度的 1/3，且不应小于 90mm。墙体的个别部位不能满足上述要求时，应在此部位水平灰缝中设置中 Φ4 钢筋网片且网片两端与该位置的竖缝距离不得小于 400mm，或采用配块。墙体竖向通缝不得超过两皮小砌块，独立柱不允许有竖向通缝。

（9）砌筑应从转角或定位处开始，内外墙同时砌筑，纵横交错搭接。外墙转角处应使小砌块隔皮露端面；T 形交接处应使横墙小砌块隔皮露端面。

（10）墙体转角处和纵横交接处应同时砌筑。临时间断处应成斜槎，斜水平投影长度不应小于斜槎高度。临时施工洞口可预留直槎，但在补砌洞口时，应在直槎上下搭砌的小砌块孔洞内用强度等级不低于 Cb20 或 C20 的混凝土灌实。

（11）厚度为 190mm 的自承重小砌块墙体宜与承重墙同时砌筑。厚度小于190mm 的自承重小砌块墙宜后砌，且应按设计要求预留拉结筋或钢筋网片。

(五) 填充墙砌体工程

（1）砌筑填充墙时，轻集料混凝土小型空心块和蒸压加气混凝土砌块的产品龄期不应小于 28d，蒸压加气混凝土砌块的含水率宜小于 30%。

（2）砌块进场后应按品种、规格堆放整齐，堆置高度不宜超过 2m。蒸压加气混凝土砌块在运输及堆放中应防止雨淋。

（3）吸水率较小的轻集料混凝土小型空心砌块及采用薄灰砌筑法施工的蒸压加气混凝土砌块，砌筑前不应对其浇 (喷) 水湿润。

（4）轻集料混凝土小型空心砌块或蒸压加气混凝土砌块墙如无切实有效措施，不得使用于下列部位或环境：①建筑物防潮层以下部位墙体；②长期浸水或化学侵蚀环境；③砌块表面温度高于 80C 的部位；④长期处于有振动源环境的墙体。

（5）在厨房、卫生间、浴室等处采用轻集料混凝土小型空心砌块、蒸压加气混凝土砌块砌筑墙体时，墙底部宜现浇混凝土坎台，其高度宜为 150mm。

（6）蒸压加气混凝土砌块、轻集料混凝小型空心块不应与其他块体混砌，不同强度等级的同类块体也不得混砌。

（7）烧结空心砖砌体组砌时，应上下错缝，交接处应咬槎搭砌，掉角严重的空心砖不宜使用。转角及交接处应同时砌筑，不得留直槎，留斜槎时，斜槎高度不宜大于 1.2m。

（8）蒸压加气混凝土砌块填充墙筑时应上下错缝，搭长度不宜小于砌块长度的 1/3，且不应小于 150mm。当不能满足时，在水平灰缝中应设置 26钢筋或 Φ4 钢筋网片加强，每侧搭接长度不宜小于 700mm。

三、钢结构工程施工技术

(一) 钢结构构件的连接

钢结构的连接方法有焊接、普通螺栓连接、高强度螺栓连接和铆接。

1. 焊接

(1) 焊接是钢结构加工制作中的关键步骤。根据建筑工程中钢结构常用的焊接方法，按焊接的自动化程度一般分为手工焊接、半自动焊接和全自动化焊接三种。全自动焊分为埋弧焊、气体保护焊、熔化嘴电渣焊、非熔化嘴电渣焊四种。

(2) 焊工应经考试合格并取得资格证书，且在认可的范围内进行焊接作业，严禁无证上岗。

(3) 焊缝缺陷通常分为：裂纹、孔穴、固体夹杂、未熔合、未焊透、形状缺陷和其他缺陷。

2. 螺栓连接

钢结构中使用的连接螺栓一般分为普通螺栓和高强度螺栓两种。

(1) 普通螺栓。①常用的普通螺栓有六角螺栓、双头螺栓和地脚螺栓等；②制孔可采用钻孔、冲孔、铣孔、较孔、锋孔和孔等方法，对直径较大或长形孔采用气制制孔，严禁气割扩孔；③普通螺栓的紧固次序应从中间开始，对称向两边进行。对大型接头应采用复拧，即两次紧固方法，保证接头内各个螺栓能均匀受力。

(2) 高强度螺栓。①高强度螺栓按连接形式通常分为摩擦连接、张拉连接和承压连接等，其中摩擦连接是目前广泛采用的基本连接形式。②高强度螺栓连接处的摩擦面的处理方法通常有喷砂 (丸) 法、酸洗法、砂轮打磨法和钢丝刷人工除锈法等。可根据设计抗滑移系数的要求选择处理工艺，抗滑移系数必须满足设计要求。③安装环境气温不宜低于 -10℃，当摩擦面潮湿或暴露于雨雪中时，停止作业。④高强度螺栓安装时应先使用安装螺栓和冲钉。高强度螺栓不得兼做安装螺栓。⑤高强度螺栓现场安装时应能自由穿入螺栓孔，不得强行穿入。若螺栓不能自由穿入时，可采用绞刀或铿刀修整螺栓孔，不得采用气割扩孔，扩孔数量应征得设计同意，修整后或扩孔后的孔径不应超过 1.2 倍螺栓直径。⑥高强度螺栓超拧的应更换，并废弃换下的螺栓，不得重复使用。严禁用火焰或电焊切割高强度螺栓梅花头。⑦高强度螺栓长度应以螺栓连接副终拧后外露 2~3 扣丝为标准计算，应在构件安装精度调整后进行拧紧。对于扭剪型高强度螺栓的终拧检查，以目测尾部梅花头拧断为合格。⑧高强度大六角头螺栓连接副施拧可采用扭矩法或转角法。同一接头中，高强度螺栓连接副的初拧、复拧、终拧应在 24h 内完成。高强度螺栓连接副初拧、复拧和终拧的顺序原则上是从接头刚度较大的部位向约束较小的部位、从螺栓群中央向四周进行。

(二) 钢结构涂装

钢结构涂装工程通常分为防腐涂料 (油漆类) 涂装和防火涂料涂装两类。通常情况下先进行防腐涂料涂装，再进行防火涂料涂装。

1. 防腐涂料涂装

钢结构防腐涂装施工宜在钢构件组装和预拼装工程检验批施工质量验收合格后进行。钢构件采用涂料防腐涂装时，可采用机械除锈和手工除锈方法进行处理。油漆防腐涂装可采用涂刷法、手工滚涂法、空气喷涂法和高压无气喷涂法。

2. 防火涂料涂装

(1) 钢结构防火涂料涂装施工应在钢结构安装工程和防腐涂装工程检验批施工质量验收合格后进行。当设计文件规定钢构件可不进行防腐涂装时，安装验收合格后可直接进行防火涂料涂装施工。

(2) 防火涂料按涂层厚度可分为 CB、B、H 三类。

①CB 类：超薄型钢结构防火涂料，涂层厚度小于或等于 3mm；②B类：薄型钢结构防火涂料，涂层厚度一般为 3~7mm；③H 类：厚型钢结构防火涂料，涂层厚度一般为 7~45mm。

(3) 防火涂料施工可采用喷涂、抹涂或滚涂等方法。涂装施工通常采用喷涂方法施涂。

(4) 防火涂料可按产品说明在现场进行搅拌或调配。当天配置的涂料应在产品说明书规定的时间内用完。

(5) 厚涂型防火涂料，有下列情况之一时，宜在涂层内设置与钢构件相连的钢丝网或其他相应的措施：①承受冲击、振动荷载的钢梁；②涂层厚度等于或大于40mm的钢梁和桁架；③涂料黏结强度小于或等于0.05MPa的钢构件；④钢板墙和腹板高度超过1.5m的钢梁。

四、预应力混凝土工程施工技术

(一) 预应力混凝土的分类

按预应力的方式可分为先张法预应力混凝土和后张法预应力混凝土。

(1) 先张法预应力混凝土是在台座或钢模上先张拉预应力筋并用夹具临时固定，再浇筑混凝土，待混凝土达到一定强度后，放张并切断构件外预应力筋的方法。其特点是：先张拉预应力筋后，再浇筑混凝土；预应力是靠预应力筋与混凝土之间的黏结力传递给混凝土，并使其产生预压应力的。

(2) 后张法预应力混凝土是先浇筑构件或结构混凝土，等达到一定强度后，在构件或结构的预留孔内张拉预应力筋，然后用锚具将预应力筋固定在构件或结构上的方法。其特点是：先浇筑混凝土，达到一定强度后，再在其上张拉预应力筋；预应力是靠着锚具传递给混凝土，并使其产生预压应力的。

在后张法中，按预应力筋黏结状态又可分为：有黏结预应力混凝土和无黏结预应力混凝土。其中，无黏结预应力是近年来发展起来的新技术，其做法是在预应力筋表面涂敷防腐润滑油脂，并外包塑料护套制成无黏结预应力筋后，如同普通钢筋一样铺设在支好的模板内；然后，浇筑混凝土，待混凝土强度达到设计要求后再张拉锚固。其特点是不需预留孔道和灌浆，施工简单等。

(二) 预应力混凝土施工技术

1. 先张法预应力施工

①在先张法中，施加预应力宜采用一端张拉工艺，张拉控制应力和程序按图纸设计要求进行。张拉时，根据构件情况可采用单根、多根或整体一次进行长拉。当采用单根张拉时其张拉顺序宜由下向上、由中到边（对称）进行。全部张拉工作完毕，应立即浇筑混凝土。超过24h尚未浇筑混凝

土时，必须对预应力筋进行再次检查，如检查的应力值与允许值差超过误差范围时，必须重新张拉。②先张法预应力筋张拉后与设计位置的偏差不得大于5mm，且不得大于构件界面短边边长的4%。在浇筑混凝土前，发生断裂或滑脱的预应力筋必须予以更换。③预应力筋放张时，混凝土强度应符合设计要求，当设计无要求时不应低于设计的混凝土立方体抗压强度标准值的75%。放张时宜缓慢放松锚固装置，使各根预应力筋同时缓慢放松。

2. 后张法预应力施工

（1）有黏结：①预应力筋张拉时，混凝土强度必须符合设计要求；当设计无具体要求时，不应低于设计的混凝土立方体抗压强度标准值的75%。②张拉程序和方式要符合设计要求；通常，预应力筋张拉方式有一端张拉、两端张拉、分批张拉、分阶段张拉、分段张拉和补偿张拉等方式。张拉顺序：采用对称张拉的原则。③预应力筋的张拉以控制张拉力值（预先换算成油压表读数）为主，以预应力筋张拉伸长值作校核。对后张法预应力结构构件，断裂或滑脱的预应力筋数量严禁超过同一截面预应力筋总数的3%，且每束钢丝不得超过一根。④预应力筋张拉完毕后应及时进行孔道灌浆，灌浆用水泥浆28d标准养护，抗压强度不得低于30MPa。

（2）无黏结：在无黏结预应力施工中，主要工作是无黏结预应力筋的铺设、张拉和锚固区的处理。①无黏结预应力筋的铺设：一般在普通钢筋绑扎后期开始铺设无黏结预应力筋，并与普通钢筋绑扎穿插进行。②无黏结预应力筋端头承压板应严格按设计要求的位置用钉子固定在端模板上或用点焊固定在钢筋上，确保无黏结预应力曲线筋或折线筋末端的切线与承压板相垂直，并确保就位安装牢固，位置准确。③黏结预应力筋的张拉应严格按设计要求进行。板中的无黏结筋可依次张拉，梁中的无黏结筋可对称张拉（两端张拉或分段张拉）。正式张拉之前，宜用千斤顶将无黏结预应力筋先往复抽动1~2次后再张拉，以降低摩阻力。张拉验收合格后，按图纸设计要求及时做好封锚处理工作，确保锚固区密封，严防水汽进入，锈蚀预应力筋和锚具等。

第四节 防水工程施工技术

一、屋面与室内防水工程施工技术

(一)屋面防水工程技术要求

1. 屋面防水等级和设防要求

屋面防水工程应根据建筑物的类别、重要程度、使用功能要求确定防水等级,并应按相应等级进行防水设防;对防水有特殊要求的建筑屋面,应进行专项防水设计。

2. 屋面防水的基本要求

(1)屋面防水应以防为主,以排为辅。在完善设防的基础上,应选择正确的排水坡度,将水迅速排走,以减少渗水的机会。混凝土结构层宜采用结构找坡,坡度不应小于3%;当采用材料找坡时,宜采用质量轻、吸水率低和有一定强度的材料,坡度宜为2%,找坡应按屋面排水方向和设计坡度要求进行,找坡层最薄处厚度不宜小于20mm。

(2)保温层上的找平层应在水泥初凝前压实抹平,并应留设分格缝,缝宽宜为5~20mm,纵横缝的间距不宜大于6m。水泥终凝前完成收水后应二次压光,并应及时取出分格条。养护时间不得少于7d。卷材防水层的基层与突出屋面结构的交接处,以及基层的转角处,找平层均应做成圆弧形,且应整齐、平顺。

(3)严寒和寒冷地区屋面热桥部位,应按设计要求采取节能保温等隔断热桥措施。

(4)找平层设置的分格缝可兼作排气道,排气道的宽度宜为40mm;排气道应纵横贯通,并应与大气连通的排气孔相通,排气孔可设在檐口下或纵横排气道的交叉处;排气道纵横间距宜为6m,屋面面积每36m² 宜设置一个排气孔,排气孔应做防水处理;在保温层下,也可铺设带支点的塑料板。

(5)涂膜防水层的胎体增强材料宜采用聚酯无纺布或化纤无纺布:胎体增强材料长边搭接宽度不应小于50mm,短边搭接宽度不应小于70mm,上下层胎体增强材料的长边搭接缝应错开,且不得小于幅宽的1/3,上下层胎

体增强材料不得相互垂直铺设。

3. 卷材防水层屋面施工

（1）卷材防水层铺贴顺序和方向应符合下列规定：①卷材防水层施工时，应先进行细造处理，然后由屋面最低标高向上铺贴；②檐沟、天沟卷材施工时，宜顺檐沟、天沟方向铺贴，搭接缝应顺流水方向；③卷材宜平行屋脊铺贴，上下层卷材不得相互垂直铺贴。

（2）立面或大坡面铺贴卷材时，应采用满黏法，并宜减少卷材短边搭接。

（3）卷材搭接缝应符合下列规定：①平行屋脊的搭接缝应顺流水方向；②同一层相邻两幅卷材短边搭接缝错开不应小于500mm；③上下层卷材长边搭接缝应错开，且不应小于幅宽的1/3；④叠层铺贴的各层卷材，在天沟与屋面的交接处，应采用叉接法搭接，搭接缝应错开。搭接缝宜留在屋面与天沟侧面，不宜留在沟底。

（4）热黏法铺贴卷材应符合的规定：①熔化热熔型改性沥青胶结料时，宜采用专用导热油炉加热，加热温度不应高于200℃，使用温度不宜低于180℃；②粘贴卷材的热熔型改性沥青胶结料厚度宜为1.0~1.5mm；③采用热熔型改性沥青胶结料铺贴卷材时，应随刮随滚铺，并应展平压实。

（5）厚度小于3mm的高聚物改性沥青防水卷材，严禁采用热熔法施工。搭接缝部位宜以溢出热熔的改性沥青胶结料为度，溢出的改性沥青胶结料宽度宜为8mm，并宜均匀顺直。

（6）屋面坡度大于25%时，卷材应采取满黏和钉压固定措施。

4. 涂膜防水层屋面施工

（1）涂膜防水层施工应符合的规定：①防水涂料应多遍均匀涂布，并应待前一遍涂布的涂料干燥成膜后，再涂布后一遍涂料，且前后两遍涂料的涂布方向应相互垂直；②涂膜间夹铺胎体增强材料时，宜边涂布边铺胎体；③涂膜施工应先做好细部处理，再进行大面积涂布，屋面转角及立面的涂膜应薄涂多遍，不得流淌和堆积。

（2）涂膜防水层施工工艺应符合的规定：①水乳型及溶剂型防水涂料宜选用滚涂或喷涂施工；②反应固化型防水涂料宜选用刮涂或喷涂施工；③热熔型防水涂料宜选用刮涂施工；④聚合物水泥防水涂料宜选用刮涂施工；⑤所有防水涂料用于细部构造时，宜选用刷涂或喷涂施工。

（3）铺设胎体增强材料应符合的规定：①胎体增强材料宜采用聚无纺布或化纤无纺布；②胎体增强材料长边搭接宽度不应小于50mm，短边搭接宽度不应小于70m；③上下层胎体增强材料的长边搭接应错开，且不得小于幅宽的1/3；④上下层胎体增强材料不得相互垂直铺设。

（4）涂膜防水层的平均厚度应符合设计要求，且最小厚度不得小于设计厚度的80%。

5. 保护层和隔离层施工

（1）施完工的防水层应进行雨后观察、淋水或蓄水试验，并应在合格后进行保护层和隔离层的施工。

（2）块体材料保护层铺设应符合的规定：①在砂结合层上铺设块体时，砂结合层应平整，块体间应预留10mm的缝隙，缝内应填砂，并用1:2水泥砂浆勾缝；②在水泥砂浆结合层上铺设块体时，应先在防水层上做隔离层，块体间应预留10mm的缝隙，缝内用1:2水泥砂浆勾缝；③块体表面应洁净、色泽一致，应无裂纹、掉角和缺棱等缺陷。

（3）水泥砂浆及细石混凝土保护层铺设应符合的规定：①水泥砂浆及细石混凝土保护层铺设前，应在防水层上做隔离层；②细石混凝铺设不宜留施工缝，当施工时间超过时间规定时，应对接槎进行处理；③水泥砂浆及细石混凝土表面应抹平压光，不得有裂纹脱皮、麻面、起砂等缺陷。

6. 檐口、檐沟、天沟、水落口等细部的施工

（1）卷材防水屋面檐口800mm范围内的卷材应满黏，卷材收头应采用金属压条钉压并应用密封材料封严。檐口下端应做鹰嘴和滴水槽。

（2）檐沟和天沟的防水层下应增设附加层，附加层伸入屋面的宽度不得小于250mm；檐沟防水层和附加层应由沟底翻上至外侧顶部，卷材收头应用金属压条钉压，并应用密封材料封严，涂膜收头应用防水涂料多遍涂刷。女儿墙泛水处的防水层下应增设附加层，附加层在平面和立面的宽度均不得小于250mm。

（3）水落口杯应牢固地固定在承重结构上，水落口周围直径500mm范围内坡度不得小于5%，防水层下应增设涂膜附加层，防水层和附加层伸入水落口杯内不得小于50mm，并应黏结牢固。

（二）室内防水工程施工技术

1. 施工流程

防水材料进场复试→技术交底→清理基层→结合层→细部附加层→防水层→试水试验。

2. 防水混凝土施工

（1）防水混凝土必须按配合比准确配料。当拌和物出现离析现象时，必须进行二次搅拌后使用。当坍落度损失后不能满足施工要求时，应加入原水胶比的水泥浆或二次掺加减水剂进行搅拌，严禁直接加水。

（2）防水混凝土应采用高频机械分层振捣密实，振捣时间宜为 10～30s。当采用自密实混凝土时，可不进行机械振捣。

（3）防水混凝土应连接浇筑，少留施工缝。当留设施工缝时，宜留置在受剪力较小便于施工的部位。墙体水平施工缝应留在高出楼板表面不小于300mm 的墙体上。

（4）防水混凝土终凝后应立即进行养护，养护时间不得少于 14d。

（5）防水混凝土冬期施工时，其入模温度不得低于 5℃。

3. 防水水泥砂浆施工

（1）基层表面应平整、坚实、清洁，并应充分湿润，无积水。

（2）防水砂浆应采用抹压法施工，分遍成活。各层应紧密结合，每层宜连续施工当需留槎时，上下层接槎位置应错开100mm 以上，离转角 20mm内不得留接槎。

（3）防水砂浆施工环境温度不得低于 5℃。终凝后应及时进行养护，养护温度不得低于 5℃，养护时间不得小于 14d。

（4）聚合物水泥防水砂浆未达到硬化状态时，不得浇水养护或直接受水冲刷，硬化后应采用干湿交替的养护方法。潮湿环境中可在自然条件下养护。

4. 涂膜防水层施工

（1）基层应平整牢固，表面不得出现孔洞、蜂窝麻面、缝隙等缺陷；基面必须干净无浮浆，基层干燥度应符合产品要求。

（2）施工环境温度：水乳型涂料宜为 5～35℃。

（3）涂料施工时应先对阴阳角、预埋件、穿墙（楼板）管等部位进行加强或密封处理。

（4）涂膜防水层应多遍成活，后一遍涂料施工应待前一遍涂层表干后再进行。前后两遍的涂刷方向应相互垂直，宜先涂刷立面，后涂刷平面。

（5）铺贴胎体增强材料时应充分浸透防水涂料，不得露胎及褶皱。胎体材料长边搭接不得小于50mm，短边搭接宽度不得小于70mm。

（6）防水层施工完毕验收合格后，应及时做保护层。

5. 卷材防水层施工

（1）基层应平整牢固，表面不得出现孔洞、蜂窝麻面、缝隙等缺陷；基面必须干净无浮浆，基层干燥度应符合产品要求。采用水泥基胶黏剂的基层应先充分湿润，但不得有明水。

（2）卷材铺贴施工环境温度：采用冷黏法施工不得低于5℃，热熔法施工不得低于-10℃。

（3）以粘贴法施工的防水卷材，其与基层应采用满黏法铺贴。

（4）卷材接缝必须粘贴严密。接缝部位应进行密封处理，密封宽度不得小于10mm。搭接缝位置距阴阳角应大于300mm。

（5）防水卷材施工宜先铺立面，后铺平面。防水层施工完毕验收合格后，方可进行其他层面的施工。

二、地下防水工程施工技术

（一）地下防水工程的一般要求

（1）地下工程的防水等级分为四级。防水混凝土的环境温度不得高于80℃。

（2）地下防水工程施工前，施工单位应进行图纸会审，掌握工程主体及细部构造的防水技术要求，编制防水工程施工方案。

（3）地下防水工程必须由有相应资质的专业防水施工队伍进行施工，主要施工人员应持有建设行政主管部门或其指定单位颁发的执业资格证书。

(二) 防水混凝土施工

(1) 防水混凝土可通过调整配合比，或掺加外加剂、掺和料等措施配制而成，其抗渗等级不得小于 P6。其试配混凝土的抗渗等级应比设计要求提高 0.2MPa。

(2) 用于防水混凝土的水泥品种宜采用硅酸盐水泥、普通硅酸盐水泥。所选用石子的最大粒径不宜大于 40mm，砂宜选用中粗砂，不宜使用海砂。

(3) 在满足混凝土抗渗等级、强度等级和耐久性条件下，水胶比不得大于 0.50，有侵蚀性介质时水胶比不宜大于 0.45；防水混凝宜采用预拌商品混凝土，其入泵落度宜控制在 120~160mm；预拌混凝的初凝时间宜为 6~8h。

(4) 防水混凝土拌和物应采用机械搅拌，搅拌时间不宜小于 2min。

(5) 防水混凝土应分层连续浇筑，分层厚度不得大于 500mm。

(6) 防水混凝土应连续浇筑，宜少留施工缝。当留设施工缝时，应符合下列规定：①墙体水平施工缝不应留在剪力最大处或底板与侧墙的交接处，应留在高出底板表面不小于 300mm 的墙体上。拱 (板) 墙结合的水平施工缝，宜留在拱 (板) 墙接缝线以下 150~300mm 处。墙体有预留孔洞时，施工缝距孔洞边缘不得小于 300mm。②垂直施工缝应避开地下水和裂隙水较多的地段，并宜与变形缝相结合。

(7) 施工缝应按设计及规范要求做好施工缝防水构造。施工缝的施工应符合如下规定：①水平施工缝浇筑混凝土前，应将其表面浮浆和杂物清除，然后铺设净浆或涂刷混凝土界面处理剂、水泥基渗透结晶型防水涂料等材料，再铺 3050mm 厚的 1∶1 水泥砂浆，并应及时浇筑混凝土。②垂直施工缝浇筑混凝土前，应将其表面清理干净，再涂刷混凝土界面处理剂或水泥基渗透结晶型防水涂料，并应及时浇筑混凝土。③遇水膨胀止水条 (胶) 应与接缝表面密贴；选用的遇水膨胀止水条 (胶) 应具有缓胀性能，7d 的净膨胀率不宜大于最终膨胀率的 60%，最终膨胀率宜大于 220%。④采用中埋式止水带或预埋式注浆管时，应定位准确、固定牢靠。

(8) 大体积防水混凝土宜选用水化热低和凝结时间长的水泥，宜掺入减水剂、缓凝剂等外加剂和粉煤灰、磨细矿渣粉等掺和料。在设计许可的情况下，掺粉煤灰混凝土设计强度等级的龄期宜为 60d 或 90d。炎热季节施工时，入模温度不得大于30℃。在混凝土内部预埋管道时，宜进行水冷散热。大体积防水混凝土应采取保温保湿养护，混凝土中心温度与表面温度的差值不得大于25℃，表面温度与大气温度的差值不得大于20℃，养护时间不得少于14d。

（9）地下室外墙穿墙管必须采取止水措施，单独埋设的管道可采用套管式穿墙防水。当管道集中多管时，可采用穿墙群管的防水方法。

（三）水泥砂浆防水层施工

（1）水泥砂浆的品种和配合比设计应根据防水工程要求确定。

（2）水泥砂浆防水层可用于地下工程主体结构的迎水面或背水面，不应用于受持续振动或温度高于80℃的地下工程防水。

（3）聚合物水泥防水砂浆厚度单层施工宜为6～8mm，双层施工宜为10～12mm；掺外加剂或掺和料的水泥防水砂浆厚度宜为18～20mm。

（4）水泥砂浆应使用硅酸盐水泥、普通硅酸盐水泥或特种水泥。砂宜采用中砂，含泥量不得大于1%。

（5）水泥砂浆防水层施工的基层表面应平整、坚实、清洁，并应充分湿润，无明水基层表面的孔洞、缝隙，应采用与防水层相同的防水砂浆堵塞并抹平。

（6）水泥砂浆防水层应在基础垫层、初期支护、围护结构及内衬结构验收合格后施工。施工前应将预埋件、穿墙管预留凹槽内嵌填密封材料后，再施工水泥砂浆防水层。

（7）防水砂浆宜采用多层抹压法施工。应分层铺抹或喷射，铺抹时应压实、抹平，最后一层表面应提浆压光。

（8）水泥砂浆防水层各层应紧密黏合，每层宜连续施工；必须留设施工缝时，应采用阶梯坡形槎，离阴阳角处的距离不得小于200mm。

（9）水泥砂浆防水层不得在雨天、五级及以上大风天气中施工。冬期施工时，气温不得低于5℃。夏季不宜在30℃以上或烈日照射下施工。

（10）水泥砂浆防水层终凝后，应及时进行养护，养护温度不宜低于5℃，并应保持砂浆表面湿润，养护时间不得少于14d。

（11）聚合物水泥防水砂浆拌和后应在规定的时间内用完，施工中不得任意加水。聚合物水泥防水砂浆未达到硬化状态时，不得浇水养护或直接受

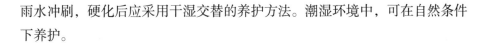

雨水冲刷，硬化后应采用干湿交替的养护方法。潮湿环境中，可在自然条件下养护。

（四）卷材防水层施工

（1）卷材防水层宜用于经常处于地下水环境，且受侵蚀介质作用或受震动作用的地下工程。

（2）铺贴卷材严禁在雨天、雪天、五级及以上大风天气中施工；冷黏法、自黏法施工的环境气温不宜低于5℃，热熔法、焊接法施工的环境气温不宜低于 -10℃。施工过程中下雨或下雪时，应做好已铺卷材的防护工作。

（3）卷材防水层应铺设在混凝土结构的迎水面上。用于建筑地下室时，应铺设在结构底板垫层至墙体防水设防高度的结构基面上。

（4）卷材防水层的基面应坚实、平整、清洁、干燥，阴阳角处应做成圆弧或45°坡角，其尺寸应根据卷材品种确定，并应涂刷基层处理剂；当基面潮湿时，应涂刷湿固化型胶黏剂或潮湿界面隔离剂。

（5）如设计无要求时，阴阳角等特殊部位铺设的卷材加强层宽度不得小于500mm。

（6）结构底板垫层混凝部位的卷材可采用空铺法或点黏法施工，侧墙采用外防外贴法的卷材及顶板部位的卷材应采用满黏法施工。铺贴立面卷材防水层时，应采取防止卷材下滑的措施。

（7）铺贴双层卷材时，上下两层和相邻两幅卷材的接缝应错开1/3～1/2幅宽，且两层卷材不得相互垂直铺贴。

（8）弹性体改性沥青防水卷材和改性沥青聚乙烯胎防水卷材采用热熔法施工应加热均匀，不得加热不足或烧穿卷材，搭接缝部位应溢出热熔的改性沥青。

（9）采用外防外贴法铺贴卷材防水层时，应符合下列规定：①先铺平面，后铺立面，交接处应交叉搭接。②临时性保护墙宜采用石灰砂浆砌筑，内表面宜做找平层。③从底面折向立面的卷材与永久性保护墙的接触部位，应采用空铺法施工；卷材与临时性保护墙或围护结构模板的接触部位，应将卷材临时贴附在该墙上或模板上，并应将顶端临时固定。当不设保护墙时，从底面折向立面的卷材接槎部位应采取可靠保护措施。④混凝土结构完成，铺贴立面卷材时，应先将接槎部位的各层卷材揭开，并将其表面清理干净，如卷材有损坏应及时修补。卷材接槎的搭接长度，高聚物改性沥青类卷材应为150mm，合成高分子类卷材应为100mm；当使用两层卷材时，卷材应锚接缝，上层卷材应盖过下层卷材。

（10）采用外防内贴法铺贴卷材防水层时，应符合下列规定：①混凝结构的保护墙内表面应抹厚度为20mm的1∶3水泥砂浆找平层，然后铺贴卷材。②卷材宜先铺立面后铺平面；铺贴立面时，应先铺转角，后铺大面。

（11）卷材防水层经检查合格后，应及时做保护层。顶板卷材防水层上的细石混凝土保护层采用人工回填土时厚度不宜小于50mm，采用机械碾压回填土时厚度不宜小于70mm，防水层与保护层之间宜设隔离层。底板卷材防水层上细石混凝土保护层厚度不应小于50mm。侧墙卷材防水层宜采用软质保护材料或铺抹20mm厚1∶2.5水泥砂浆层。

（五）料防层施工

（1）涂料防水层适用于受侵蚀性介质作用或受震动作用的地下工程。无机防水涂料宜用于结构主体的背水面或迎水面，有机防水涂料用于地下工程主体结构的迎水面，用于背水面的有机防水涂料应具有较高的抗渗性，且与基层有较好的黏结性。

（2）涂料防水层严禁在雨天、雾天、五级及以上大风天气时施工，不得在施工环境温度低于5℃及高于35℃或烈日暴晒时施工。涂膜固化前如有降雨可能时，应及时做好已完涂层的保护工作。

（3）有机防水涂料基层表面应基本干燥，不应有气孔、凹凸不平、蜂窝麻面等缺陷涂料，施工前，基层阴阳角应做成圆弧形，阴角直径宜大于50mm，阳角直径宜大于10mm，在底板转角部位应增加胎体增强材料，并应增涂防水涂料。铺贴胎体增强材料时应使胎体层充分浸透防水涂料，不得有露槎及褶皱。

（4）防水涂料应分层刷涂或喷涂，涂层应均匀，不得漏刷漏涂。涂刷应待前遍涂层干燥成膜后进行，每遍涂刷时应交替改变涂层的涂刷方向，同层涂膜的先后搭压宽度宜为30～50mm。甩槎处接缝宽度不得小于100mm，接涂前应将其甩槎表面处理干净。

（5）采用有机防水涂料时，基层阴阳角处应做成圆弧；在转角处、变形缝、施工缝穿墙管等部位应增加胎体增强材料和增涂防水涂料，宽度不得小于50m。胎体增强材料的搭接宽度不得小于10mm，上下两层和相邻两幅胎体的接缝应错开1/3幅宽，且上下两层胎体不得相互垂直铺贴。

（6）涂料防水层完工并经验收合格后应及时做保护层。底板宜采用1∶2.5水泥砂浆层和50~70mm厚的细石混凝保护层；顶板采用细石混凝保护层，机械回填时不宜小于70mm，人工回填时不宜小于50mm。防水层与保护层之间宜设置隔离层。

第五节　装饰装修工程施工技术

一、吊顶工程施工技术

吊顶（又称顶棚、天花板）是建筑装饰工程的一个重要子分部工程。吊顶具有保温隔热、隔声和吸声的作用，也是电气、暖卫、通风空调、通信和防火、报警管线设备等工程的隐蔽层。按施工工艺和采用材料的不同，分为暗龙骨吊顶（又称隐蔽式吊顶）和明龙骨吊顶（又称活动式吊顶）。吊顶工程由支承部分（吊杆和主龙骨）、基层（次龙骨）和面层三部分组成。

（一）吊顶工程施工技术要求

（1）安装龙骨前，应按设计要求对房间净高、洞口标高和吊顶管道、设备及其支架的标高进行交接检验。

（2）吊顶工程的木吊杆、木龙骨和木饰面板必须进行防火处理，并应符合有关设计防火规范的规定。

（3）吊顶工程中的预埋件、钢筋吊杆和型钢吊杆应进行防锈处理。

（4）安装面板前应完成吊顶内管道和设备的调试及验收。

（5）吊杆距主龙骨端部和距墙的距离不得大于300mm。吊杆间距和主龙骨间距不得大于1200mm，当吊杆长度大于1.5m时，应设置反支撑。当吊杆与设备相遇时，应调整增设吊杆。

（6）当石膏板吊顶面积大于100m³时，纵横方向每12~18m距离处宜做伸缩缝处理。

（二）吊顶工程的隐蔽工程项目验收

吊顶工程应对以下隐蔽工程项目进行验收：①吊顶内管道、设备的安装及水管试压，风管的避光试验；②木龙骨防火、防腐处理；③预埋件或拉结筋；④吊杆安装；⑤龙骨安装；⑥填充材料的设置。

二、轻质隔墙工程施工技术

轻质隔墙的特点是自重轻、墙身薄、拆装方便、节能环保、有利于建筑工业化施工，按构造方式及所用材料不同，分为板材隔墙、骨架隔墙、活动隔墙、玻璃隔墙。

（一）板材隔墙

板材隔墙是指不需设置隔墙龙骨，由隔墙板材自承重，将预制或现制的隔墙板材直接固定于建筑主体结构上的隔墙工程。

1. 施工技术要求

（1）在限高以内安装条板隔墙时，竖向接板不宜超过一次，相邻条板接头位置应错开300mm以上，错缝范围可为300～500mm。

（2）在既有建筑改造工程中，条板隔墙与地面接缝处应间断布置抗震钢卡，间距应不大于1m。

（3）在条板隔墙上横向开槽、开洞敷设电气暗线、暗管、开关盒时，选用隔墙厚度应大于90mm。开槽深度不应大于墙厚的2/5，开槽长度不得大于隔墙长度的1/2。严禁在隔墙两侧同一部位开槽、开洞，其间距应错开150mm以上。单层条板隔墙内不宜设计暗埋配电箱、控制柜，不宜横向暗埋水管。

（4）条板隔墙上需要吊挂重物和设备时，不得单点固定，单点吊挂力应小于1000N，并应在设计时考虑加固措施，两点间距应大于300mm。

（5）普通石膏条板隔墙及其他有防水要求的条板隔墙用于潮湿环境时，下端应做混凝土条形墙垫，墙垫高度不应小于100mm。

（6）防裂措施：应在板与板之间对接缝隙内填满、灌实黏结材料，企口接缝处可粘贴耐碱玻璃纤维网格布条或无纺布条防裂，亦可加设拉结钢筋加固及其他防裂措施。

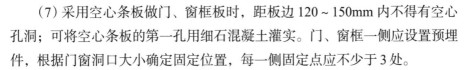

（7）采用空心条板做门、窗框板时，距板边 120～150mm 内不得有空心孔洞；可将空心条板的第一孔用细石混凝土灌实。门、窗框一侧应设置预埋件，根据门窗洞口大小确定固定位置，每一侧固定点应不少于 3 处。

2. 施工方法

（1）组装顺序：当有门洞口时，应从门洞口处向两侧依次进行，当无洞口时，应从一端向另一端顺序安装。

（2）配板：板材隔墙饰面板安装前应按品种、规格、颜色等进行分类选配。板的长度应按楼层结构净高尺寸减 20mm。

（3）安装隔墙板：安装方法主要有刚性连接和柔性连接。刚性连接适用于非抗震设防区的内隔墙安装；柔性连接适用于抗震设防区的内隔墙安装。安装板材隔墙所用的金属件应进行防腐处理。

（二）骨架隔墙

骨架隔墙是指在隔墙龙骨两侧安装墙面板以形成墙体的轻质隔墙。骨架隔墙主要是由龙骨作为受力骨架固定于建筑主体结构上，轻钢龙骨石膏板隔墙就是典型的骨架隔墙。

1. 饰面板安装

骨架隔墙一般以纸面石膏板（潮湿区域应采用防潮石膏板）、人造木板、水泥纤维板等为墙面板。

2. 石膏板安装

（1）石膏板应竖向铺设，长边接缝应落在竖向龙骨上。双层石膏板安装时两层板的接缝不应在同一根龙骨上；需进行隔声、保温、防火处理的应根据设计要求在一侧板安装好后，进行隔声、保温、防火材料的填充，再封闭另一侧板。

（2）石青板应采用自攻螺钉固定。安装石膏板时，应从板的中部开始向板的四边固定，钉头略埋入板内，但不得损坏纸面；钉眼应用石膏腻子抹平。

（3）轻质隔墙与顶棚和其他墙体的交接处应采取防开裂措施。隔墙板材所用接缝材料的品种及接缝方法应符合设计要求。

（4）接触砖、石、混凝的龙骨、埋置的木楔和金属型材应做防腐处理。

三、饰面板（砖）工程施工技术

饰面板安装工程是指内墙饰面板安装工程和高度不大于24m、抗震设防烈度不大于7度的外墙饰面板安装工程。饰面砖工程是指内墙饰面砖和高度不大于100m、抗震设防烈度不大于8度、满黏法施工方法的外墙饰面砖工程。

（一）饰面板安装工程

饰面板安装工程分为石材饰面板安装（方法有：湿作业法、粘贴法和干挂法）、金属饰面板安装（方法有：木衬板粘贴、龙骨固定面板）、木饰面板安装（方法有：龙骨钉固法、黏接法）和镜面玻璃饰面板安装四类。

（二）饰面砖粘贴工程

（1）饰面砖粘贴排列方式主要有"对缝排列"和"错缝排列"两种。

（2）墙、柱面砖粘贴前应进行挑选，并应浸水2h以上，晾干表面水分。

（3）粘贴前应进行放线定位和排砖，非整砖应排放在次要部位或阴角处。每面墙不宜有两列（行）以上非整砖，非整砖宽度不宜小于整砖的1/3。

（4）粘贴前应确定水平及竖向标志，垫好底尺，挂线粘贴。墙面砖表面应平整、接缝应平直、缝宽应均匀一致。阴角砖应压向正确，阳角线宜做成45°角对接。在墙、柱面突出物处，应整砖套割吻合，不得用非整砖拼凑粘贴。

（5）结合层砂浆宜采用1∶2水泥砂浆，砂浆厚度宜为6~10mm。泥砂浆应满铺在墙面砖背面，一面墙、柱不宜一次粘贴到顶，以防塌落。

（三）饰面板（砖）工程

（1）应对下列材料及其性能指标进行复验：①室内用花岗石的放射性；②粘贴用水泥的凝结时间、安定性和抗压强度；③外墙陶瓷面砖的吸水率；④寒冷地区外墙陶瓷面砖的抗冻性。

（2）应对下列隐蔽工程项进行验收：①预件或后置件；②连接节点；③防水层。

四、门窗工程施工技术

门窗安装工程是指木门窗安装、金属门窗安装、塑料门窗安装、特种门安装和门窗玻璃安装工程。

(一) 金属门窗

1.门窗扇安装

(1) 推拉门窗在门窗框安装固定后，将配好玻璃的门窗扇整体安入框内滑槽，调整好与扇的缝隙，扇与框的搭接量应符合设计要求，推拉扇开关力应不大于100N。同时应有防脱落措施。

(2) 平开门窗在框与扇格架组装上墙、安装固定好后再安玻璃。密封条安装时应留有比门窗的装配边长 20～30mm，转角处应斜面断开并用胶黏剂粘贴牢固，避免收缩产生缝隙。

2.五金配件安装

五金配件与门窗连接用镀锌螺钉。安装的五金配件应固定牢固，使用灵活。

(二) 塑料门窗

塑料门窗应采用预留洞口的方法安装，不得边安装边砌口或先安装后砌口施工。

(1) 当门窗与墙体固定时，应先固定上框，后固定边框。固定方法如下：①混凝土墙洞口采用射钉或膨胀螺钉固定；②砖墙洞口应用膨胀螺钉固定，不得固定在砖缝处，并严禁用射钉固定；③轻质砌块或加气混凝洞口可在预埋混凝土块上用射钉或膨胀螺钉固定；④设有预埋铁件的洞口应采用焊接的方法固定，也可先在预埋件上按紧固件规格打基孔，然后用紧固件固定；⑤窗下框与墙体也采用固定片固定，但应按照设计要求，处理好室内窗台板与室外窗台的节点处理，防止窗台渗水。

(2) 安装组合窗时，应从洞口的一端按顺序安装。

(三) 门窗玻璃安装

(1) 玻璃品种、规格应符合设计要求。单块玻璃大于 $1.5m^2$ 时应使用安全玻璃。玻璃表面应洁净，不得有腻子、密封胶、涂料等污渍。中空玻璃内外表面均应洁净，中空层内不得有灰尘和水蒸气。

（2）门窗玻璃不应直接接触型材。单面镀膜玻璃的镀膜层及磨砂玻璃的磨砂面应朝向室内，但磨砂玻璃作为浴室、卫生间门窗玻璃时，则应注意将其花纹面朝外，以防表面浸水而透视。中空玻璃的单面镀膜玻璃应在最外层，镀膜层应朝向室内。

五、涂料涂饰、裱糊、软包与细部工程施工技术

（一）涂饰工程的施工技术要求和方法

涂饰工程包括水性涂料涂饰工程、溶剂型涂料涂饰工程、美术涂饰工程。

1. 涂饰施工前的准备工作

（1）涂饰工程应在抹灰、吊顶、细部、地面及电气工程等已完成并验收合格后进行。

（2）基层处理要求：①新建筑物的混凝土或抹灰基层在涂饰涂料前应涂刷抗碱封闭底漆。对泛碱、析盐的基层应先用3%的草酸溶液清洗；然后，用清水冲刷干净或在基层上满刷一遍抗碱封闭底漆，待其干后刮腻子，再涂刷面层涂料。②旧墙面在涂饰涂料前应清除疏松的旧装修层，并涂刷界面剂。③基层腻子应平整、坚实、牢固，无粉化、起皮和裂缝。厨房、卫生间墙面必须使用耐水腻子。④混凝土或抹灰基层涂刷溶剂型涂料时，含水率不得大于8%；涂刷乳液型涂料时，含水率不得大于10%。木材基层的含水率不得大于12%。

2. 涂饰方法

对混凝土及抹灰面涂饰一般采用喷涂、滚涂、刷涂、抹涂和弹涂等方法，以取得不同的表面质感。木质基层涂刷方法分为涂刷清漆和涂刷色漆。

（二）裱糊工程的施工技术要求和方法

1. 基层处理要求

（1）新建筑物的混凝土或抹灰基层墙面在刮腻子前应涂刷抗碱封闭底漆。

（2）旧墙面在裱糊前应清除疏松的旧装修层并涂刷界面剂。

（3）混凝土或抹灰基层含水率不得大于8%；木材基层的含水率不得大于12%。

（4）基层表面颜色应一致；裱糊前应用封闭底胶涂刷基层。

2. 裱糊方法

墙、柱面裱糊常用的方法有搭接法裱糊、拼接法裱糊。顶棚裱糊一般采用推贴法裱糊。

（三）软包工程的施工技术要求

软包工程根据构造做法，分为带内衬软包和不带内衬软包两种；按制作安装方法不同分为预制板组装和现场组装。软包工程的面料常见的有皮革、人造革以及锦缎等饰面织物。

（四）细部工程的施工技术要求和方法

（1）细部工程包括橱柜制作与安装，窗帘盒、窗台板、散热器罩制作与安装，门窗套制作与安装，护栏和扶手制作与安装，花饰制作与安装五个分项工程。

（2）细部工程应对下列部位进行隐蔽工程验收：①预埋件（或后置埋件）；②护栏与预埋件的连接节点。

（3）护栏、扶手的技术要求：高层建筑的护栏高度应适当提高，但不宜超过1.20m；栏杆离地面或屋面0.10m高度内不应留空。

六、建筑幕墙工程施工技术

（一）建筑幕墙的分类

建筑幕墙按照面板材料分为玻璃幕墙、金属幕墙、石材幕墙三种；按施工方法分为单元式幕墙、构件式幕墙。

（二）框支承玻璃幕墙的制作与安装

框支承玻璃幕墙分为明框、隐框、半隐框三类。

1. 框支承玻璃幕墙构件的制作

玻璃板块加工应在洁净、通风的室内注胶，要求室内温度应在 15 ~ 30℃，相对湿度在 50% 以上。应在温度为 20℃、湿度为 50% 以上的干净室内养护。单组分硅酮结构密封胶固化时间一般需 14 ~ 21d；双组分硅酮结构密封胶一般需 7 ~ 10d。

2. 框支承玻璃幕墙的安装

（1）框支承玻璃幕墙的安装包括立柱安装、横梁安装、玻璃面板安装和密封胶嵌缝。

（2）不得采用自攻螺钉固定承受水平荷载的玻璃压条。

（3）玻璃幕墙开启窗的开启角度不宜大于 30 度，开启距离不宜大于 300mm。

（4）密封胶的施工厚度应大于 3.5mm，一般小于 4.5mm。密封胶的施工宽度不宜小于厚度的 2 倍。

（5）不宜在夜晚、雨天打胶。打胶温度应符合设计要求和产品要求。

（6）严禁使用过期的密封胶。硅酮结构密封胶不宜作为硅酮耐候密封胶使用，两者不能互代。同一个工程应使用同一品牌的硅酮结构密封胶和硅酮耐候密封胶。密封胶注满后应检查胶缝。

（三）金属与石材幕墙工程的安装技术及要求

1. 框架安装的技术

（1）金属与石材幕墙的框架通常采用钢管或钢型材框架，较少采用铝合金型材。

（2）幕墙横梁应通过角码、螺钉或螺栓与立柱连接。螺钉直径不得小于 4mm，每处连接螺钉不应少于 3 个，如用螺栓不应少于 2 个。横梁与立柱之间应有一定的相对位移能力。

2. 面板加工制作要求

（1）幕墙用单层铝板厚度不应小于 2.5mm；单层铝板折弯加工时，折弯外圆弧半径不应小于板厚的 1.5 倍。

（2）板块四周应采用铆接、螺栓或黏结与机械连接相结合的形式固定。

（3）铝塑复合板在切内层铝板和聚乙烯塑料时，应保留不小于 0.3mm 厚的聚乙烯塑料，并不得划伤铝板的内表面。

（4）打孔切口等外露的聚乙烯塑料应采用中性硅酮耐候密封胶密封，在加工过程中铝塑复合板严禁与水接触。

3. 面板的安装要求

（1）金属面板嵌缝前，先把胶缝处的保护膜撕开，清洁胶缝后方可打胶，大面上的保护膜待工程验收前方可撕去。

（2）石材幕墙面板与骨架的连接有钢销式、通槽式、短槽式、背栓式、背挂式等方式。

（3）不锈钢挂件的厚度不宜小于 3.0mm，铝合金挂件的厚度不宜小于4.0mm。

（4）金属与石材幕墙板面嵌缝应采用中性硅酮耐候密封胶。

（四）建筑幕墙的防火构造要求

（1）幕墙与各层楼板、隔墙外沿间的缝隙，应采用不燃材料或难燃材料封堵，填充材料可采用岩棉或矿棉，其厚度不应小于 100mm，并应满足设计的耐火极限要求，在楼层间和房间之间形成防火烟带。防火层应采用厚度不小于 1.5mm 的镀锌钢板承托。承托板与主体结构、幕墙结构及承托板之间的缝隙应采用防火密封胶密封；防火密封胶应有法定检测机构的防火检验报告。

（2）无窗槛墙的幕墙，应在每层楼板的外沿设置耐火极限不低于 1.0h、高度不低于 0.8m 的不燃烧实体裙墙或防火玻璃墙。在计算裙墙高度时，可计入钢筋混凝土楼板厚度或边梁高度。

（3）当建筑设计要求防火分区分隔有通透效果时，可采用单片防火玻璃或由其加工成的中空、夹层防火玻璃。

（4）防火层不应与幕墙玻璃直接接触，防火材料朝玻璃面处宜采用装饰材料覆盖。

（5）同一幕墙玻璃单元不应跨越两个防火分区。

（五）建筑幕墙的防雷构造要求

（1）幕墙的金属框架应与主体结构的防雷体系可靠连接，在连接部位应清除非导电保护层。

（2）幕墙的铝合金立柱，在不大于 10 范围内宜有一根立柱采用柔性导线，把每个上柱与下柱的连接处连通。导线截面积铜质不宜小于 $25mm^2$，铝质不宜小于 $30mm^2$。

（3）主体结构有水平均压环的楼层，对应导电通路的立柱预埋件或固定件应用圆钢或扁钢与均压环焊接连通，形成防雷通路。镀锌圆钢直径不宜小于 12mm，镀锌扁钢截面不宜小于 5mm×40mm。避雷接地一般每三层与均压环连接。

（4）兼有防雷功能的幕墙压顶板宜采用厚度不小于 3mm 的铝合金板制造，与主体结构屋顶的防雷系统应有效连通。

（5）在有镀膜层的构件上进行防雷连接，应除去其镀膜层。

（6）使用不同材料的防雷连接应避免产生双金属腐蚀。

（7）防雷连接的钢构件在完成后，都应进行防锈油漆处理。

（六）建筑幕墙的保护清洗

（1）幕墙框架安装后，不得作为操作人员和物料进出的通道；操作人员不得踩在框架上操作。

（2）玻璃面板安装后，在易撞、易碎部位都应有醒目的警示标识或安全装置。

（3）有保护膜的铝合金型材和面板，在不妨碍下道工序施工的前提下，不得提前撕除，待竣工验收前方可撕去。

（4）对幕墙的框架、面板等应采取措施进行保护，使其不发生变形、污染和被刻划等现象。幕墙施工中表面的黏附物，都应随时清除。

（5）幕墙工程安装完成后，应制定清洁方案。应选择无腐蚀性的清洁剂进行清洗；在清洗时，应检查幕墙排水系统是否畅通，发现堵塞应及时疏通。

（6）幕墙外表面的检查、清洗作业不得在 4 级以上风力和大雨（雪）天气中进行。

第三章　绿色施工管理

绿色施工是指在保证质量、安全等基本要求的前提下，通过科学管理和技术进步，最大限度地节约资源，减少对环境的负面影响，实现"四节一环保"(节能、节材、节水、节地和环境保护)的建筑工程施工活动。绿色施工要求以资源的高效利用为核心，以环境保护优先为原则，追求高效、低耗、环保，统筹兼顾，实现经济、社会、环境综合效益最大化的施工模式。在工程项目的施工阶段推行绿色施工，主要包括选择绿色施工方法、采取节约资源措施、预防和治理施工污染、回收与利用建筑废料四个方面的内容，要实现绿色施工，实施和保证绿色施工管理尤为重要。绿色施工管理主要包括组织管理、规划管理、目标管理、实施管理、评价管理五个方面。以传统施工管理为基础，文明施工、安全管理为辅助，实现绿色施工目标为目的，在技术进步的同时，完善包含绿色施工思想的管理体系和方法，用科学的管理手段实现绿色施工。

第一节　绿色施工组织管理

建立绿色施工管理体系就是绿色施工管理的组织策划设计以制定系统、完整的管理制度和绿色施工的整体目标。在这一管理体系中有明确的责任分配制度，并指定绿色施工管理人员和监督人员。绿色施工要求建立公司和项目两级绿色施工管理体系。

一、绿色施工管理体系

(一)公司绿色施工管理体系

施工企业应该建立以总经理为第一责任人的绿色施工管理体系,一般由总工程师或副总经理作为绿色施工牵头人,负责协调人力资源管理部门、成本核算管理部门、工程科技管理部门、材料设备管理部门、市场经营管理部门等管理部室。

(1)人力资源管理部门:负责绿色施工相关人员的配置和岗位培训;负责监督项目部绿色施工相关培训计划的编制和落实以及效果反馈;负责组织国内和本地区绿色施工新政策、新制度在全公司范围内的宣传等。

(2)成本核算管理部门:负责绿色施工直接经济效益分析。

(3)工程科技管理部门:负责全公司范围内所有绿色施工创建项目在人员、机械、周转材料、垃圾处理等方面的统筹协调;负责监督项目部绿色施工各项措施的制定和实施;负责项目部相关数据收集的及时性、齐全性与正确性,并在全公司范围内及时进行横向对比后将结果反馈到项目部;负责组织实施公司一级的绿色施工专项检查;负责配合人力资源管理部门做好绿色施工相关政策制度的宣传,并负责落实在项目部贯彻执行等。

(4)材料设备管理部门:负责建立公司《绿色建材数据库》和《绿色施工机械、机具数据库》,并随时进行更新;负责监督项目部材料限额领料制度的制定和执行情况;负责监督项目部施工机械的维修、保养、年检等管理情况等。

(5)市场经营管理部门:负责对绿色施工分包合同的评审,将绿色施工有关条款写入合同。

(二)项目绿色施工管理体系

绿色施工创建项目必须建立专门的绿色施工管理体系。项目绿色施工管理体系不要求采用一套全新的组织结构形式,而是建立在传统的项目组织结构的基础上,要求融入绿色施工目标,并能够制定相应责任和管理目标以保证绿色施工开展的管理体系。

项目绿色施工管理体系要求在项目部成立绿色施工管理机构，作为总体协调项目建设过程中有关绿色施工事宜的机构。这个机构的成员由项目部相关管理人员组成，还可包含建设项目其他参与方，如建设方、监理方、设计方的人员。同时要求实施绿色施工管理的项目必须设置绿色施工专职管理员，要求各个部门任命相关的绿色施工联络员，负责本部门所涉及的与绿色施工相关的职能。

二、绿色施工责任分配

(一) 公司绿色施工责任分配

（1）总经理为公司绿色施工第一责任人。

（2）总工程师或副总经理作为绿色施工牵头人负责绿色施工专项管理工作。

（3）以工程科技管理部门为主，其他各管理部室负责与其工作相关的绿色施工管理工作，并配合协助其他部室工作。

(二) 项目绿色施工责任分配

（1）项目经理为项目绿色施工第一责任人。

（2）项目技术负责人、分管副经理、财务总监以及建设项目参与各方代表等组成绿色施工管理机构。

（3）绿色施工管理机构开工前制定绿色施工规划，确定拟采用的绿色施工措施并进行管理任务分工。

（4）管理任务分工，其职能主要分为四个：决策、执行、参与和检查。一定要保证每项任务都有管理部门或个人负责决策执行、参与和检查。

（5）项目主要绿色施工管理任务分工表制定完成后，每个执行部门负责填写《绿色施工措施规划表》报绿色施工专职管理员，绿色施工专职管理员初审后报项目部绿色施工管理机构审定，作为项目正式指导文件下发到每一个相关部门和人员。

（6）在绿色施工实施过程中，绿色施工专职管理员应负责各项措施实施情况的协调和监控。同时在实施过程中，针对技术难点、重点，可以聘请相关专家作为顾问，保证实施顺利。

三、建筑施工环境管理和绿色施工概要

建筑施工作为基础建设的一个环节，环境管理极为重要，工程建设项目的实现会对周围的各种环境产生影响，引起环境条件的改变。在工程的建设过程中会产生噪声、粉尘、施工渣土、有毒有害物质，消耗大量的能源等，对周边环境造成破坏。实施建筑工程环境管理，意义重大，对建筑业可持续发展具有重要的作用，落实节地、节能、节水、节材和保护环境的技术经济政策，建设资源节约型、环境友好型社会，通过采用先进的技术措施和管理，最大程度地节约资源，提高能源利用率，减少施工活动对环境造成的不利影响，促进行业和社会健康有序地发展。

绿色施工是可持续发展思想在工程施工中的应用体现，是绿色施工技术的综合应用，是建筑环境管理的重要内容和具体的环保施工的具体措施。绿色施工技术并不是独立于传统施工技术的全新技术，而是用"可持续"的眼光对传统施工技术的重新审视，是符合可持续发展战略的施工技术。

建筑工程施工环境管理应符合国家的法律、法规及相关的标准规范，实现经济效益、社会效益和环境效益的统一。实施环境管理和绿色施工，应依据因地制宜的原则，贯彻执行国家行业和地方相关的技术经济政策。

环境管理和绿色施工应坚持可持续发展价值观，这是落实社会责任的体现。

建筑工程施工环境管理和绿色施工，应对施工策划、材料采购、现场施工、工程验收等各阶段进行控制，加强对整个施工过程的管理和监督。

建筑工程环境管理的内容主要有：

(1) 建筑工程施工环境管理体系策划。

(2) 建筑工程施工环境管理和绿色施工的环境责任。

(3) 环境因素识别与评价。

(4) 环境目标指标与管理方案。

(5) 环境管理方案实施及效果验证。

(6) 环境管理预案与应急响应。

(7) 环境管理和绿色施工的持续改进。

四、建筑工程环境管理与绿色施工管理的内容

(一) 建筑工程环境管理的内容

施工企业应根据本标准的要求建立实施、保持和持续改进环境管理体系，确定如何实现这些要求，并形成文件。企业应界定环境管理体系的范围，并形成文件。

1. 环境方针

环境方针确定了实施与改进组织环境管理体系的方向，具有保持和改进环境绩效的作用。因此，环境方针应当反映最高管理者对遵守适用的环境法律法规和其他环境要求、进行污染预防和持续改进的承诺。环境方针是组织建立和指标的基础。环境方针的内容应当清晰明确，使内外相关方能够理解。应当对方针进行定期评审与修订，以反映不断变化的条件和信息。方针的应用范围应当是可以明确办公室的，并反映环境管理体系覆盖范围内活动新产品和服务的特有性质、规模和环境影响。

应当就环境方针和所有为组织工作，或代表它工作的人员进行沟通，包括和为它工作的合同方进行沟通。对合同方，不必拘泥于传达方针条文，而可采取其他形式，如规则、指令、程序等，或仅传达方针中和它有关的部分。如果该组织是一个更大组织的一部分，组织的最高管理者应当在后者环境方针的框架内规定自己的环境方针，将其形成文件，并得到上级组织的认可。

2. 环境因素识别与评价

环境因素的定义是：一个组织的活动、产品或服务中能与环境发生相互作用的要素。简言之，就是一个组织(企业、事业以及其他单位，包括法人、非法人单位)日常生产、工作、经营等活动提供的产品，以及在服务过程中那些对环境有益或者有害的影响因素。

环境因素识别与评价是一个基本过程，企业对环境因素进行识别，并从中确定环境管理体系应当优先考虑的那些重要环境因素。企业应通过考虑和它当前及过去的有关活动、产品和服务、纳入计划的或新开发的项目、新的或修改的活动以及产品和服务所伴随的投入和产出(无论是期望还是非期

望的），以识别其环境管理体系范围内的环境因素。在这一过程中应考虑正常和异常的运行条件、关闭与启动时的条件，以及可合理预见的紧急情况。企业不必对每一种具体产品、部件和输入的原材料进行分析，而可以按活动、产品和服务的类别识别环境因素。

环境影响评价简称环评，英文缩写 EIA，即 Environmental Impact Assessment，是指对规划和建设项目实施后可能造成的环境影响进行分析、预测和评估，提出预防或者减轻不良环境影响的对策和措施，进行跟踪监测的方法与制度。通俗地说，就是分析项目建成投产后可能对环境产生的影响，并提出污染防止对策和措施。

3. 环境目标指标

企业应确定环境管理和绿色施工的方针。

最高管理者应确定本企业的环境管理和绿色施工方针，并在界定的环境管理和绿色施工体系范围内，确保该方针。

（1）适合于组织活动、产品和服务的性质、规模和环境影响。

（2）包括对持续改进和污染预防的承诺。

（3）包括对遵守与其环境因素有关的适用法律法规要求和其他要求的承诺。

（4）提供建立和评审环境目标和指标的框架。

（5）形成文件，付诸实施，并予以保持。

（6）传达到所有为组织或代表组织工作的人员。

（7）可为公众所获取。

企业应对其内部有关职能和层次，建立、实施并保持形成文件的环境目标和指标。如可行，目标和指标应予以量化。目标和指标应符合环境方针，并包括对污染预防、持续改进和遵守适用的法律法规及其他要求的承诺。企业在建立和评审目标和指标时，应考虑法律法规和其他要求，以及自身的重要环境因素。此外，还应考虑可选的技术方案，财务、运行和经营要求，以及相关方的观点。

4. 环境管理方案

工程开工前，企业或项目经理部应编制旨在实现环境目标指标的管理方案／管理计划，管理方案／管理计划的主要内容包括：

(1) 本项目(部门)评价出的重大环境因素或不可接受风险。

(2) 环境目标、指标。

(3) 各岗位的职责。

(4) 控制重大环境因素或不可接受风险方法及时间安排。

(5) 监视和测量。

(6) 预算费用等。

企业内部各单位应对自身管理方案/管理计划的完成情况进行日常监控;在组织环境安全检查时,应对环境管理方案的完成情况进行抽查。在环境管理体系审核及不定期的监测时,对各单位管理方案/管理计划的执行情况进行检查。

当施工内容、外界条件或施工方法发生变化时,项目(部门)应重新识别环境因素、评价重大环境因素,并修订管理方案/管理计划。修改管理方案/管理计划时,执行《文件管理程序》的有关规定。

5. 实施与运行

(1) 资源、作用、职责和权限。管理者应确保为环境管理体系的建立、实施、保持和改进提供必要的资源。资源包括人力资源专项技能、组织的基础设施,以及技术和财力资源。

为便于环境管理工作的有效开展,应对作用、职责和权限作出明确规定,形成文件,并予以传达。

企业的最高管理者应任命专门的管理者代表,无论他们是否还负有其他方面的责任,应明确规定其作用、职责和权限,以便确保按照本标准的要求建立、实施和保持环境管理体系;向最高管理者报告环境管理体系的运行情况以供评审,并提出改进建议。

环境管理体系的成功实施需要为组织或代表组织工作的所有人员的承诺。因此,不能认为只有环境管理部门才承担环境方面的作用和职责,事实上,企业的其他部门,如运行管理部门、人事部门等,也不能例外。这一承诺应当始于最高管理者,他们应当建立组织的环境方针,并确保环境管理体系得到实施。作为上述承诺的一部分,是指定专门的管理者代表,规定他们对实施环境管理体系的职责和权限。对于大型或复杂的组织,可以有不止一个管理者代表。对于中、小型企业,可由一个人承担这些职责。最高管理者还应当确保提供建立、实施和保持环境管理体系所需的适当资源，包括企业的基础设施，例如建筑物、通信网络、地下储罐、下水管道等。另一个重要事项是，妥善规定环境管理体系中的关键作用和职责，并传达到为组织或代表组织工作的所有人员。

（2）能力、培训和意识。企业应确保所有为它或代表它从事被确定为可能具有重大环境影响的工作的人员，都具备相应的能力。该能力基于必要的教育、培训或经历。组织应保存相关的记录。

企业应确定与其环境因素和环境管理体系有关的培训需求并提供培训，或采取其他措施来满足这些需求。组织应保存相关的记录。

企业应建立、实施并保持一个或多个程序，使为它或代表它工作的人员都意识到：①符合环境方针与程序和符合环境管理体系要求的重要性。②他们工作中的重要环境因素和实际的或潜在的环境影响，以及个人工作的改进所能带来的环境效益。③他们在实现与环境管理体系要求符合性方面的作用与职责。④偏离规定的运行程序的潜在后果。

企业应当确定负有职责和权限代表其执行任务的所有人员所需的意识、知识、理解和技能。要求：①其工作可能产生重大环境影响的人员，能够胜任所承担的工作。②确定培训需求，并采取相应措施加以落实。③所有人员了解组织的环境方针和环境管理体系，以及与他们工作有关的组织活动产品和服务中的环境因素。

可通过培训、教育或工作经历，获得或提高所需的意识、知识、理解和技能。

企业应当要求代表它工作的合同方能够证实他们的员工具有必要的能力和（或）接受了适当的培训。企业管理者应当确定为保障人员（特别是行使环境管理职能的人员）胜任所需的经验能力和培训的程度。

（3）信息交流。企业应建立、实施并保持一个或多个程序，用于有关其环境因素和环境管理体系的：①组织内部各层次和职能间的信息交流。②与外部相关方联络的接收、形成文件和回应。

企业应决定是否应其重要环境因素与外界进行信息交流，并将决定形成文件。如决定进行外部交流，就应规定交流的方式并予以实施。

内部交流对于确保环境管理体系的有效实施至为重要。内部交流可通过例行的工作组会议、通信简报、公告板，以及内联网等手段或方法进行。企业应当按照程序，对来自相关方的沟通信息进行接收、形成文件并做出响应。程序可包含与相关方交流的内容，以及对他们所关注问题的考虑。在某些情况下，对相关方关注的响应，可包含组织运行中的环境因素及其环境影响方面的内容。这些程序中，还应当包含就应急计划和其他问题与有关公共机构的联络事宜。

企业在对信息交流进行策划时，一般还要考虑进行交流的对象、交流的主题和内容、可采用的交流方式等方面的问题。

在考虑应环境因素进行外部信息交流时，企业应当考虑所有相关方的观点和信息需求，如果企业决定就环境因素进行外部信息交流，它可以设定一个这方面的程序。程序可因所交流的信息类型、交流对象及企业的个体条件等具体情况的不同而有所差别。进行外部交流的手段可包括年度报告、通信简报、互联网和社区会议等。

（4）文件。环境管理体系文件应包括：①环境方针、目标和指标。②对环境管理体系的覆盖范围的描述。③对环境管理体系主要要素及其相互作用的描述，以及相关文件的查询途径。④本标准要求的文件，包括记录。⑤企业为确保对涉及重要环境因素的过程进行有效策划、运行和控制所需的文件和记录。

文件的详尽程度，应当足以描述环境管理体系及其各部分协同运作的情况，并指示获取环境管理体系某一部分运行得更详细信息的途径。可将环境文件纳入组织所实施的其他体系文件，而不强求采取手册的形式。对于不同的企业，环境管理体系文件的规模可能由于它们在以下方面的差别而各不相同：①组织及其活动、产品或服务的规模和类型。②过程及其相互作用的复杂度。③人员的能力。

文件可包括环境方针、目标和指标；重要环境因素信息；程序；过程信息；组织机构图；内、外部标准；现场应急计划；记录。

对于程序是否形成文件，应当从下列方面考虑：不形成文件可能产生的后果，包括环境方面的后果；用来证实遵守法律法规和其他要求的需要；保证活动一致性的需要；形成文件的益处，例如：易于交流和培训，从而加以实施，易于维护和修订，避免含混和偏离，提供证实功能和直观性等；出于本标准的要求。

不是为环境管理体系所制定的文件，也可用于本体系。此时应当指明其出处。

文件控制：应对环境管理体系所要求的文件进行控制。记录是一种特殊的文件，应该按要求进行控制。企业应建立、实施并保持一个或多个程序，作出以下规定：①在文件发布前进行审批，确保其充分性和适宜性。②必要时对文件进行评审和更新，并重新审批。③确保对文件的更改和现行修订状态做出标识。④确保在使用处能得到适用文件的有关版本。⑤确保文件字迹清楚，标识明确。⑥确保对策划和运行环境管理体系所需的外部文件做出标识，并对其发放予以控制。⑦防止对过期文件的非预期使用。如需将其保留，要做出适当的标识。

文件控制旨在确保企业对文件的建立和保持能够充分适应实施环境管理体系的需要。但企业应当把主要注意力放在对环境管理体系的有效实施及其环境绩效上，而不是放在建立一个烦琐的文件控制系统。

（5）运行控制（绿色施工）。企业应根据其方针、目标和指标，识别和策划与所确定的重要环境因素有关的运行，以确保它们通过下列方式在规定的条件下进行：①建立、实施并保持一个或多个形成文件的程序，以控制因缺乏程序文件而导致偏离环境方针、目标和指标的情况。②在程序中规定运行准则。③对于企业使用的产品和服务中所确定的重要环境因素，应建立、实施并保持程序并将适用的程序和要求通报供方及合同方。

企业应当评价与所确定的重要环境因素有关的运行，并确保在运行中能够控制或减少有害的环境影响，以满足环境方针的要求、实现环境目标和指标。所有运行，包括维护活动，都应当做到这一点。

（6）应急准响应。企业应建立、实施并保持一个或多个程序，用于识别可能对环境造成影响的潜在的紧急情况和事故，并制定响应措施。

企业应对实际发生的紧急情况和事故作出响应，并预防或减少随之产生的有害环境影响。

企业应定期评审其应急准备和响应程序。必要时对其进行修订，特别是当事故或紧急情况发生后。可行时，企业还应定期试验上述程序。

每个企业都有责任制定适合自身情况的一个或多个应急准备和响应程

序。组织在设定这类程序时应当考虑现场危险品的类型，如存在易燃液体、储罐、压缩气体等，以及发生溅洒或意外泄漏时的应对措施；对紧急情况或事故类型和规模的预测；处理紧急情况或事故的最适当方法；内、外部联络计划，把环境损害降到最低的措施；针对不同类型的紧急情况或事故的补救和响应措施；事故后考虑制定和实施纠正和预防措施的需要；定期试验应急响应程序；对实施应急响应程序人员的培训；关键人员和救援机构（如消防、泄漏清理等部门）名单，包括详细联络信息；疏散路线和集合地点；周边设施（如工厂、道路、铁路等）可能发生的紧急情况和事故；邻近单位相互支援的可能性。

6. 检查及效果验证

（1）监测和测量。企业应建立、实施并保持一个或多个程序，对可能具有重大环境影响的运行的关键特性进行例行监测和测量。程序中应规定将监测环境绩效、适用的运行控制、目标和指标符合情况的信息形成文件。

企业应确保所使用的监测和测量设备经过校准或验证，并予以妥善维护，且应保存相关的记录。

一个企业的运行可能包括多种特性。例如，在对废水排放进行监测和测量时，值得关注的特点可包括生物需氧量、化学需氧量、温度和酸碱度。

对监测和测量取得的数据进行分析，能够识别类型并获取信息。这些信息可用于实施纠正和预防措施。关键特性是指组织在决定如何管理重要环境因素、实现环境目标和指标、改进环境绩效时须要考虑的哪些特性。为了保证测量结果的有效性，应当定期，或在使用前，根据测量标准对测量器具进行校准或检验。测量标准要以国家标准或国际标准为依据。如果不存在国家或国际标准，则应当对校验所使用的依据做出记录。

（2）合规性评价。为了履行遵守法律法规要求的承诺，企业应建立、实施并保持一个或多个程序，以定期评价对适用法律法规的遵守情况。企业应保存对上述定期评价结果的记录。

企业应评价对其他要求的遵守情况。企业应保存上述定期评价结果的记录，企业应当能证实它已对遵守法律法规要求的情况进行了评价。企业应当能证实它已对遵守其他要求的情况进行了评价。

（3）持续改进。企业应建立、实施并保持一个或多个程序，用来处理实际或潜在的不符合，采取纠正措施和预防措施。程序中应规定以下方面的要求：①识别和纠正不符合，并采取措施以减少所造成的环境影响。②对不符合进行调查，确定其产生原因，并采取措施避免再度发生。③评价采取措施以预防不符合的需求；实施所制定的适当措施，以避免不符合的发生。④记录采取纠正措施和预防措施的结果。⑤评审所采取的纠正措施和预防措施的有效性。所采取的措施应与问题和环境影响的严重程度相符。企业应确保对环境管理文件进行必要的更改。

企业在设定程序以执行本节的要求时，根据不符合的性质，有时可能只须制订少量的正式计划，即能达到目的，不时则有赖于更复杂、更长期的活动。文件的制定应当和这些措施的规模相适配。

（4）记录控制。企业应根据需要，建立并保持必要的记录，用来证实对环境管理体系和本标准要求的符合，以及所实现的结果。

企业应建立、实施并保持一个或多个程序，用于记录的标识、存放、保护、检索、留存和处置。

环境记录可包括：抱怨记录；培训记录；过程监测记录；检查、维护和校准记录；有关的供方与承包方记录；偶发事件报告；应急准备试验记录；审核结果；管理评审结果；和外部进行信息交流的决定；适用的环境法律法规要求记录；重要环境因素记录；环境会议记录；环境绩效信息；对法律法规符合性的记录；和相关方的交流。

应当对保守机密信息加以考虑。环境记录应字迹清楚，标识明确，并具有可追溯性。

（5）内部审核。企业应确保按照计划的时间间隔对管理体系进行内部审核。其目的是：①确定环境管理体系是否符合组织对环境管理工作的预定安排和本标准的要求，是否得到了恰当的实施和保持。②向管理者报告审核结果。企业应策划、制定、实施和保持一个或多个审核方案，此时，应考虑相关运行的环境重要性和以前的审核结果。应建立、实施和保持一个或多个审核程序，用来规定：策划和实施审核及报告审核结果、保存相关记录的职责和要求；审核准则、范围、频次和方法。对环境管理体系的内部审核，可由组织内部人员或组织聘请的外部人员承担，无论哪种情况，从事审核的人员都应当具备必要的能力，并处在独立的地位，从而能够公正、客观地实施审核。对于小型组织，只要审核员与所审核的活动无责任关系，就可以认为审核员是独立的。

(二) 建筑工程绿色施工

1. 绿色施工的定义

绿色施工是指工程建设中，在保证质量、安全等基本要求的前提下，通过科学管理和技术进步，最大限度地节约资源与减少对环境负面影响的施工活动，实现"四节一环保"(节能、节地、节水、节材和环境保护)。

绿色施工，也有这样的定义："通过切实有效的管理制度和绿色技术，最大限度地减少施工活动对环境的不利影响，减少资源与能源的消耗，实现可持续发展的施工。"绿色施工是施工企业环境管理的主要内容。

2. 绿色施工的内涵

绿色施工是一种"以环境保护为核心的施工组织体系和施工方法"。可见，对于绿色施工还有其他一些说法，但是万变不离其宗，绿色施工的内涵大概包括如下四个方面的含义：一是尽可能采用绿色建材和设备；二是节约资源，降低消耗；三是清洁施工过程，控制环境污染；四是基于绿色理念，通过科技和管理先进的方法，对设计产品 (即工图) 所确定的工程做法、设备和用材提出优化和完善的建议和意见，促使施工过程安全文明，质量保证，促使实现建筑产品的安全性、可靠性、适用性和经济性。

3. 绿色施工的六个方面

绿色施工由施工管理、环境保护、节材与材料资源利用、节水与水资源利用、节能与能源利用、节地与施工用地保护六个方面组成。这六个方面涵盖绿色施工的基本指标，同时包含施工策划、材料采购、现场施工、工程验收等各阶段的指标的子集。

4. 绿色施工应遵循的原则

传统的施工模式以追求施工进度和控制项目成本为主要目标，虽然各个工程项目也有对于施工安全生产和环境包含的目标，但是它们都处在从属于进度和成本的次要地位。为了节约成本和加快施工进度，施工企业往往会沿用落后的施工工艺，采用人海战术，拼设备、拼材料，造成资源的浪费和环境的破坏。

绿色施工是清洁生产原则和循环经济"3R"原则在建筑施工过程中的具体应用。清洁生产原则要求在建筑施工全过程的每一个环节，以最小量的资源和能源消耗，使污染的产生降低到最低程度。清洁生产，不仅要实现施工过程的无污染或少污染，而且要求建筑物在使用和最终报废处置过程中，也不对人类的生存环境造成损害。循环经济所要求的"3R"原则包括"Reduce、Reuse、Recycle"，即"减量化""再使用""循环再生利用"的原则。减量化原则要求建筑施工项目应当用较少的原材料和能源投入来达到完成建筑施工的目的，即从源头上注意节约资源和减少污染。再使用原则是要求建成的建筑物应当有一个相对较长的使用期限，而不是太过频繁地更新换代，即所谓"造了就拆，拆了又造"。再循环原则是要求建筑物在完成其使用功能而被拆除后，原来的建筑材料还能够被重新利用，而不是变成建筑垃圾。

"四节一环保"绿工所强调的"四节一环保"并非以"经济效益最大化"为基础，而是强调在环境和资源保护前提下的"四节一环保"，是强调以"节能减排"为目标的"四节一环保"。因此，符合绿色施工做法的"四节一环保"对于项目成本控制而言，往往使施工的成本大量增加。但是，这种企业效益的"小损失"换来的却是国家整体环境治理的"大收益"。这种局部利益与整体利益、眼前利益与长远利益在客观上存在不一致性，短期内会增加推进绿色施工的困难。

5.绿色施工的方法

绿色施工并不是完全独立于传统施工的施工体系，它是在传统施工的基础上按科学发展观对传统施工体系进行创新和提升，其主要方法如下。

（1）系统化。施工体系是一个系统工程，包括施工组织设计、施工准备（场地、机具、材料、后勤设施等准备）、施工运行、设备维修和竣工后施工场地的生态复原等。如前所述，传统施工也有节约资源和环保指标，但往往局限于选用环保型施工机具和实施降噪、降尘的环保型封闭施工局部环节，而绿色施工要求从施工组织设计开始的施工全过程（全系统）都要贯彻绿色施工的原则。

（2）社会化。在传统施工中，设法节约资源和保护环境主要是施工企业的现场施工人员，而绿色施工要求全社会（政府主管部门、施工企业、广大民众）达成绿色施工的共识，支持和监督绿色施工的实施。按照绿色施工的全体人员（领导成员、现场人员、后勤服务人员等）都担负着绿色施工的相应任务，如中铁三局在青藏铁路工地举办青藏铁路环保培训班培训员工，除了在施工环保外，对生活垃圾和施工污水也进行无害化处理，以保护环境。

（3）信息化。在施工中工程量是动态变化的，随着施工的推进，工程量参数实时变化，传统施工是粗放型施工，施工机械的机种和机台数量往往采用定性方法选定，固定的机种和机台数量不能有效地适应动态变化的工程量，所以会造成机种不匹配、机台数量偏多或偏少、工序衔接不顺畅或脱节等弊病，很难实现高效、低耗、环保的目标。

（4）一体化。①一体化的体现。施工实践表明，在确保完成工程任务的前提下投入的工程机械和机台数越少，则工程的工效、耗料、环保的指标数就越好，所以一体化施工方式成为实施绿色施工的又一重要施工方式，一体化作业工程机械成为国内外著名工程机械厂商竞相开发的新机种。一体化施工是指使用单台工程机械可以连续地完成工程的多个或全部工序，从而减少进场的工程机械机种和数量，消除工序衔接的停闲时间，减少施工人员，从而提高工效、降低物料消耗、减少环境污染。②实施一体化施工的两种主要方式。一是使用多功能工程机械进行一体化作业，即一机作业，化（工序）繁为简。二是改善运输方式，采用清洁能源，降低环境负荷，运输连续、无二次运输，提高效率，降低作业成本。

（5）其他。尽量少占施工用地，在施工中尽量保护生态环境，大力开发和使用环保型工程机械，重视建设副产物（建设固体废弃物、建筑垃圾）的再生利用；推广使用环保型建筑材料（建筑砌块、加气混凝土、轻质板材、复合板材等），努力提高工程机械及零部件的3R率（可重复使用率、可循环使用率、可再生使用率）等。

第二节 绿色施工规划管理

一、绿色施工图纸会审

绿色施工开工前应组织绿色施工图纸会审，也可在设计图纸会审中增加绿色施工部分，从绿色施工"四节一环保"的角度结合工程实际，在不影响质量、安全、进度等基本要求的前提下，对设计进行优化，并保留相关记录。

现阶段绿色施工处于发展阶段，工程的绿色施工图纸会审应该有公司一级管理技术人员参加，在充分了解工程基本情况后结合建设地点、环境、条件等因素提出合理性设计变更申请，经相关各方同意会签后，由项目部具体实施。

二、绿色施工总体规划

(一) 公司规划

在确定某工程要实施绿色施工管理后，公司应对其进行总体规划，规划内容包括：

(1) 材料设备管理部门从《绿色建材数据库》中选择距工程 500km 范围绿色建材供应商数据供项目选择。从《绿色施工机械、机具数据库》中结合工程具体情况，提出机械设备选型建议。

(2) 工程科技管理部门收集工程周边在建项目信息，对工程临时设施建设需要的周转材料、临时道路路基建设需要的碎石类建筑垃圾，以及在工程如有前期拆除工序而产生的建筑垃圾就近处理等方面提出合理化建议。

(3) 根据工程特点，结合类似工程经验，对工程绿色施工目标设置提出合理化建议和要求。

(4) 对绿色施工要求的执证人员、特种人员提出配置要求和建议；对工程绿色施工实施提出基本培训要求。

(5) 在全公司范围内 (有条件的公司可以在一定区域范围内) 从绿色施工"四节一环保"的基本原则出发，统一协调资源、人员、机械设备等，以求达到资源消耗最少、人员搭配最合理、设备协同作业程度最高、最节能的目的。

(二) 项目规划

在进行绿色施工专项方案编制前，项目部应对以下因素进行调查并结合调查结果做出绿色施工总体规划。

（1）工程建设场地内原有建筑分布情况：①原有建筑需拆除：要考虑对拆除材料的再利用。②原有建筑需保留，但施工时可以使用，结合工程情况合理利用。③原有建筑需保留，施工时严禁使用并要求进行保护的，要制定专门的保护措施。

（2）工程建设场地内原有树木情况：①需移栽到指定地点：安排有资质的队伍合理移栽；②需就地保护：制定就地保护专门措施；③需暂时移栽，竣工后移栽回现场：安排有资质的队伍合理移栽。

（3）工程建设场地周边地下管线及设施分布情况：制定相应的保护措施，并考虑施工时是否可以借用，以避免重复施工。

（4）竣工后规划道路的分布和设计情况：施工道路的设置尽量跟规划道路重合，并按规划道路路基设计进行施工，避免重复施工。

（5）竣工后地下管网的分布和设计情况：特别是排水管网，建议一次性施工到位，施工中提前使用避免重复施工。

（6）本工程是否同为创绿色建筑工程：如果是，考虑某些绿色建筑设施，如雨水回收系统等提前建造，施工中提前使用，避免重复施工。

（7）距施工现场500km范围内主要材料分布情况：虽然有公司提供的材料供应建议，但项目部仍需要根据工程预算材料清单，对主要材料的生产厂家进行摸底调查，距离太远的材料考虑运输能耗和损耗，在不影响工程质量、安全、进度美观等前提下，可以提出设计变更建议。

（8）相邻建筑施工情况：施工现场周边是否有正在施工或即将施工的项目，从建筑垃圾处理、临时设施周转材料衔接、机械设备协同作业、临时或永久设施共用、土方临时堆场借用甚至临时绿化移栽等方面考虑是否可以合作。

（9）施工主要机械来源：根据公司提供的机械设备选型建议，结合工程现场周边环境，规划施工主要机械的来源，尽量减少运输能耗，以最高效使用为基本原则。

（10）其他：①设计中是否有某些构配件可以提前施工到位，在施工中运用，避免重复施工：例如，高层建筑中消防主管提前施工并保护好，用作施工消防主管，避免重复施工；地下室消防水池在施工中用作回收水池，循环利用楼面回收水等。②卸土场地或土方临时堆场：考虑运土时对运输路线环境的污染和运输能耗等，距离越近越好。③回填土来源：考虑运土时对运输路线环境的污染和运输能耗等，在满足设计要求前提下，距离越近越好。④建筑、生活垃圾处理：联系好回收和清理部门。⑤构件、部品工厂化的条件：分析工程实际情况，判断是否可能采用工厂化加工的构件或部品；调查现场附近钢筋、钢材集中加工成型，结构部品化生产，装饰装修材料集中加工。

三、绿色施工专项方案

在进行充分调查后，项目部应对绿色施工制订总体规划，并根据规划内容编制绿色施工专项施工方案。

(一)绿色施工专项方案主要内容

绿色施工专项方案是在工程施工组织设计的基础上，对绿色施工有关的部分进行具体和细化，其主要内容应包括：

(1)绿色施工组织机构及任务分工。

(2)绿色施工的具体目标。

(3)绿色施工针对"四节一环保"的具体措施。

(4)绿色施工拟采用的"四新"技术措施。

(5)绿色施工的评价管理措施。

(6)工程主要机械、设备表。

(7)绿色施工设施购置(建造)计划清单。

(8)绿色施工具体人员组织安排。

(9)绿色施工社会经济环境效益分析。

(10)施工现场平面布置图等。

其中：①绿色施工的具体目标详见第一章第三节绿色施工目标管理。②绿色施工针对"四节一环保"的具体措施，可以参照《建筑工程绿色施工评价标准》(GB/T 50640—2010)和《绿色施工导则》的相关条款，结合工程实际情况，选择性采用。③绿色施工拟采用的"四新"技术措施可以是《建筑业十项新技术》"建设事业推广应用和限制禁止使用技术公告""全国建设行业科技成果推广项目"以及本地区推广的先进适用技术等，如果是未列入推广计划的技术，则需要另外进行专家论证。④主要机械、设备表需列清楚设备的型号、生产厂家、生产年份等相关资料，以方便审查方案时判断是否为国家或地方限制、禁止使用的机械设备。⑤绿色施工设施购置（建造）计划清，仅包括为实施绿色施工专门购置（建造）的设施，对原有设施的性能提升，应只计算增值部分的费用；多个工程重复使用的设施，应计算其分摊费用。⑥绿色施工具体人员组织安排应具体到每一个部门、每一个专业、每一个分包队伍的绿色施工负责。⑦施工现场平面布置图应考虑动态布置，以达到节地的目的，多次布置的应提供每一次的平面布置图，布置图上要求将噪声监测点、循环水池、垃圾分类回收池等绿色施工专属设施标注清楚。

（二）绿色施工专项方案审批要求

绿色施工专项方案要求严格按项目、公司两级审批。一般由绿色施工专职施工员进行编制，项目技术负责人审核后，报公司总工程师审批，只有审批手续完整的方案才能用于指导施工。

绿色施工专项方案有必要时，可以考虑组织进行专家论证。

第三节 绿色施工目标管理

一、绿色施工目标值的确定

目标值应该从粗到细分为不同层次，可以是总目标下规划若干分目标，也可以将一个一级目标拆分成若干二级目标，形式可以多样，数量可以多变，每个工程的目标值应该是一个科学的目标体系，而不仅是简单的几个数据。

绿色施工目标体系确定的原则是：因地制宜、结合实际、容易操作、科学合理。

因地制宜——目标值必须是结合工程所在地区实际情况制定的。

结合实际——目标值的设置必须充分考虑工程所在地的施工水平、施工实施方的实力和施工经验等。

容易操作——目标值必须清晰、具体，一目了然，在实施过程中，方便收集对应的实际数据与其对比。

科学合理——目标值应该是在保证质量、安全的基本要求下，针对"四节一环保"提出的合理目标，在"四节一环保"的某个方面相对传统施工方法有更高要求的指标。

二、绿色施工目标的动态管理

项目实施过程中的绿色施工目标控制采用动态控制的原理。动态控制的具体方法是在施工过程中对项目目标进行跟踪和控制。收集各个绿色施工控制要点的实测数据，定期将实测数据与目标值进行比较。当发现实施过程中的实际情况与计划目标发生偏离时，及时分析偏离原因，确定纠正措施，采取纠正行动对纠正后仍无法满足的目标值，进行论证分析，及时修改，设立新的更适宜的目标值。

在工程建设项目实施中如此循环，直至目标实现为止。项目管理措施、经济措施和技术目标控制的纠偏措施主要有组织措施、技术措施等。

第四节 绿色施工实施管理

绿色施工专项方案和目标值确定之后，进入项目的实施管理阶段，绿色施工应对整个过程实施动态管理，加强对施工策划、施工准备、现场施工、工程验收等各阶段的管理和监督。

绿色施工的实施管理其实质是对实施过程进行控制，以达到规划所要求的绿色施工目标。通俗地说，就是为实现目的进行的一系列施工活动，作为绿色施工工程，在其实施过程中，主要强调以下几点。

一、建立完善的制度体系

"没有规矩，不成方圆。"绿色施工在开工前制定了详细的专项方案，确立了具体的各项目标，在实施工程中，主要是采取一系列措施和手段，确保按方案施工，最终满足目标要求。

绿色施工应建立整套完善的制度体系，通过制度，既约束不绿色的行为，又指定应该采取的绿色措施，而且，制度也是绿色施工得以贯彻实施的保障体系。

二、配备全套的管理表格

绿色施工的目标值大部分是量化指标，因此在实施过程中应该收集相应数据，定期将实测数据与目标值进行比较，及时采取纠正措施或调整不合理目标值。

另外，施工管理是一个过程性活动，随着工程的竣工，很多施工措施将消失不见，为了考核绿色施工效果，见证绿色施工效益，及时发现存在的问题，要求针对每一个绿色施工管理行为制定相应的管理表格，并在施工中监督填制。

三、营造绿色施工氛围

目前，绿色施工理念还没有深入人心，很多人并没有完全接受绿色施工概念，绿色施工实施管理，首先应该纠正职工的思想，努力让每一个职工把节约资源和保护环境放到一个重要的位置上，让绿色施工成为一种自觉行为。要达到这个目的，结合工程项目特点，有针对性地对绿色施工进行相应的宣传，通过宣传营造绿色施工的氛围非常重要。

绿色施工要求在现场施工标牌中增加环境保护的内容，在施工现场醒目位置设置环境保护标识。

四、增强职工绿色施工意识

施工企业应重视企业内部的自身建设，使管理水平不断提高，不断趋于科学合理，并加强企业管理人员的培训，提高他们的素质和环境意识。具体应做到：

（1）加强管理人员的学习，然后由管理人员对操作层人员进行培训，增强员工的整体绿色意识，增加员工对绿色施工的承担与参与。

（2）在施工阶段，定期对操作人员进行宣传教育，如黑板报和绿色施工宣传小册子等，要求操作人员严格按已制定的绿色施工措施进行操作，鼓励操作人员节约水电、节约材料、注重机械设备的保养、注意施工现场的清洁，文明施工，不制造人为污染。

五、借助信息化技术

绿色施工实施管理可以借助信息化技术作为协助实施手段，目前，施工企业信息化建设越来越完善，已建立了进度控制、质量控制、材料消耗、成本管理等信息化模块，在企业信息化平台上开发绿色施工管理模块，对项目绿色施工实施情况进行监督、控制和评价等工作能起到积极的辅助作用。

第五节　绿色施工评价管理

绿色施工管理体系中应该有自评价体系。根据编制的绿色施工专项方案，结合工程特点，对绿色施工的效果及采用的新技术、新设备、新材料和新工艺，进行自评价。自评价分项目自评价和公司自评价两级，分阶段对绿色施工实施效果进行综合评价，根据评价结果对方案、措施以及技术进行改进、优化。

一、绿色施工项目自评价

项目自评价由项目部组织，分阶段对绿色施工各个措施进行评价，自评价办法可以参照《建筑工程绿色施工评价标准》(GB/T50640—2010)进行。绿色施工自评价一般分三个阶段进行，即地基与基础工程结构工程、装饰装修与机电安装工程阶段。原则上每个阶段不少于一次自评，且每个月不少于一次自评。

二、绿色施工公司自评价

在项目实施绿色施工管理过程中，公司应对其进行评价。评价由专门的专家评估小组进行，原则上每个施工阶段都应该进行至少一次公司评价。

每次公司评价后，应该及时与项目自评价结果进行对比，差别较大的工程应重新组织专家评价，找出差距原因，制定相关措施。

绿色施工评价是推广绿色施工工作中的重要一环，只有真实、准确、及时地对绿色施工进行评价，才能了解绿色施工的状况和水平，发现其中存在的问题和薄弱环节，并在此基础上进行持续改进，使绿色施工的技术和管理手段更加完善。

二、环境因素识别与评价

环境因素识别应考虑时态和状态，以及影响因素。

(一) 三种时态

环境因素识别应考虑三种时态：过去、现在和将来。过去是指以往遗留的环境问题，而会对目前的过程、活动产生影响的环境问题。现在是指当前正在发生、并持续到未来的环境问题。将来是指计划中的活动在将来可能产生的环境问题，如新工艺、新材料的采用可能产生的环境影响。

(二) 三种状态

环境因素识别应考虑三种状态：正常、异常和紧急。正常状态是指稳定、例行性的，计划已作出安排的活动状态，如正常施工状态。异常状态是指非例行的活动或事件，如施工中的设备检修，工程停工状态。紧急状态是指可能出现的突发性事故或环保设施失效的紧急状态，如发生火灾事故、地震、爆炸等意外状态。

(三) 对环境因素的识别与评价要考虑的方面

对环境因素的识别与评价通常要考虑以下方面。

(1) 大气的排放。

(2) 向水体的排放。

(3) 向土地的排放。

(4) 原材料和自然资源的使用。

(5) 能源使用。

(6) 能量释放 (如热、辐射、振动等)。

(7) 废物和副产品。

(8) 物理属性，如大小、形状、颜色、外观等。

企业除了对它能够直接控制的环境因素外，还应当对它可能施加影响的环境因素加以考虑。例如与它所使用的产品和服务中的环境因素，以及它所提供的产品和服务中的环境因素。以下提供了一些对这种控制和影响进行评价的指导。不过，在任何情况下，对环境因素控制和施加影响的程度都取决于企业自身。

应当考虑的与组织的活动、产品和服务有关的因素，如设计和开发，制造过程，包装和运输，合同方和供方的环境绩效和操作方式，废物管理，原材料和自然资源的获取和分配，产品的分销、使用和报废，野生环境和生物多样性。

(四) 八大类环境因素

识别环境因素的步骤，选择组织的过程 (活动、产品或服务)、确定过程伴随的环境因素；确定环境影响。

对企业所使用产品的环境因素的控制和影响，因不同的供方和市场情况而有很大差异。例如，一个自行负责产品设计的组织，可以通过改变某种输入原料有效地施加影响；而一个根据外部产品规范提供产品的组织在这方面的作用就很有限。一般来说，组织对它所提供的产品的使用和处置 (例如用户如何使用和处置这些产品) 的控制作用有限。可行时，它可以考虑通过让用户了解正确的使用方法和处置机制来施加影响。完全地或部分地由环境因素引起的对环境的改变，无论其有益还是有害，都称为环境影响。环境因素和环境影响之间是因果关系。

在某些地方，文化遗产可能成为组织运行环境中的一个重要因素，因而在理解环境影响时应当加以考虑。

由于一个企业可能有很多环境因素及相关的环境影响，应当建立判别重要环境的准则和方法。唯一的判别方法是不存在的，原则是所采用的方法应当能提供一致的结果，包括建立和应用评价准则，例如有关环境事务、法律法规问题，以及内、外部相关方的关注等方面的准则。

对于重要环境信息，组织除在设计和实施环境管理时应考虑如何使用外，还应当考虑将它们作为历史数据予以留存的必要。

在识别和评价环境因素的过程中，还应当考虑从事活动的地点、进行这些分析所需的时间和成本，以及可靠数据的获得。对环境因素的识别不要求进行详细的生命周期评价。对环境因素进行识别和评价的要求，不改变或增加组织的法律责任。确定环境因素的依据：客观地具有或可能具有环境影响的，法律法规及要求有明确规定的；积极的或负面的，相关方有要求的；其他。

识别环境因素的方法有：物料衡算、产品生命周期、问卷调查、专家咨询、现场观察（查看和面谈）、头脑风暴、查阅文件和记录、测量、水平对比（内部、同行业或其他行业比较）、纵向对比（组织的现在和过去比较）等。这些方法各有利弊，具体使用时可将各种方法组合使用，下面介绍几种常用的环境因素识别方法。

（1）专家评议法。由有关环保专家、咨询师、组织的管理者和技术人员组成专家评议小组，评议小组应具有环保经验、项目的环境影响综合知识、标准和环境因素识别知识，并对评议组织的工艺流程十分熟悉，才能对环境因素准确、充分地识别。在进行环境因素识别时，评议小组采用过程分析的方法，在现场分别对过程片段的不同的时态、状态和不同的环境因素类型进行评议，集思广益。如果评议小组专业人员选择得当，识别就能做到快捷、准确的结果。

（2）问卷评审法（因素识别）。问卷评审是通过事先准备好的一系列问题，通过到现场察看和与人员交谈的方式，来获取环境因素的信息。问卷的设计应本着全面和定性与定量相结合的原则。问卷包括的内容应尽量覆盖组织活动、产品，以及其上、下游相关环境问题中的所有环境因素，一个组织内的不同部门可用同样的设计好的问卷，虽然这样在一定程度上缺乏针对性，但为每一个部门设计一份调查卷是不实际的。典型的调查卷中的问题可包括如下内容。

①产生哪些大气污染物？污染物浓度及总量是多少？

②产生哪些水污染物？污染物浓度及总量是多少？

③使用哪些有毒有害化学品？数量是多少？

④在产品设计中如何考虑环境问题？

⑤有哪些紧急状态？采取了哪些预防措施？

⑥水、电、煤、油用量各多少？与同行业和往年比较结果如何？

⑦有哪些环保设备？维护状况如何？

⑧产生哪些有毒有害固体废弃物？如何处置的？

⑨主要噪声源有哪些？厂界是否达标？

以上只是部分调查内容，可根据实际情况制定完整的问卷提纲。

（3）现场评审法（观察、面谈、书面文件收集及环境因素识别）。现场观察和面谈都是快速直接地识别出现场环境因素最有效的方法。这些环境因素可能是已具有重大环境影响的，或者具有潜在的重大环境影响的，有些是存在环境风险的。包括以下方面。

①观察到较大规模的废机油流向厂外的痕迹。

②询问现场员工，回答"这里不使用有毒物质"，但在现场房角处发现存有剧毒物质。

③员工不知道组织是否有环境管理制度，而组织确实存在一些环境制度。

④发现炉房。

⑤听到厂房传出刺耳的噪声。

⑥垃圾堆放场各类废弃物混放，包括金属、油棉布、化学品包装瓶、大量包装箱、生活垃圾等。

现场面谈和观察还能获悉组织环境管理的其他现状，如环保意识、培训、信息交流、运行控制等方面的缺陷，另外，也能发现组织增强竞争力的一些机遇。如果是初始环境评审，评审员还可向现场管理者提出未来体系建立或运行方面的一些有效建议。

一般的组织都存在一定价值的环境管理信息和各种文件，评审员应认真审查这些文件和资料。需要关注的文件和资料包括以下方面。

①排污许可证、执照和授权。

②废物处理、运输记录、成本信息。

③监测和分析记录。

④设施操作规程和程序。

⑤过场地使用调查和评审。

⑥与执法当局的交流记录。

⑦内部和外部的抱怨记录。

⑧维修记录现场规划。

⑨有毒有害化学品安全参数。

(五) 环境因素的评价指标体系的建立原则

环境影响评价具备判断功能、预测功能、选择功能与导向功能。理想情况下，环境影响评价应满足以下条件。

(1) 基本上适应所有可能对环境造成显著影响的项目，并能够对所有可能的显著影响做出识别和评估。

(2) 对各种方案进行比较。

(3) 生成清楚的环境影响报告书，以使专家和非专家都能了解可能影响的特征及其重要性。

(4) 包括广泛的公众参与和严格的行政审查程序。

(5) 及时、清晰的结论，以便为决策提供信息。

建立环境因素评价指标体系的原则主要有以下几项。

①简明科学性原则：指标体系的设计必须建立在科学的基础上，客观如实地反映建筑绿色施工各项性能目标的构成，指标繁简适宜、实用、具有可操作性。

②整体性原则：构造的指标体系全面真实地反映绿色建筑在施工过程中资源、能源环境、管理、人员等方面的基本特征。每一个方面由一组指标构成，各指标之间既相互独立，又相互联系，共同构成一个有机整体。

③可比可量原则：指标的统计口径、含义、适用范围在不同施工过程中要相同，保证评价指标具有可比性；可量化原则是要求指标中定量指标可以直接量化，定性指标可以间接赋值量化，易于分析计算。

④动态导向性原则：要求指标能够反映我国绿色建筑施工的历史、现状、潜力以及演变趋势，揭示内部发展规律，进而引导可持续发展政策的制定、调整和实施。

(六) 环境因素的评价的方法

环境因素的评价是采用某一规定的程序方法和评价准则对全部环境因素进行评价，最终确定重要环境因素的过程。常用的环境因素评价方法有是非判断法、专家评议法、多因子评分法、排放量／频率对比法、等标污染负荷法、权重法等。这些方法中前三种属于定性或半定量方法，评价过程并不要求取得每一项环境因素的定量数据；后三种则需要定量的污染物参数，如果没有环境因素的定量数据则评价难以进行，方法的应用将受到一定的限制。因此，评价前，必须根据评价方法的应用条件、适用的对象进行选择，或根据不同的环境因素类型采用不同的方法进行组合应用，才能得到满意的评价结果。下面介绍两种常用的环境因素评价方法。

1. 是非判断法

是非判断法根据制定的评价准则，进行对比、衡量并确定重要因素。当符合以下评价准则之一的，即可判为重要环境因素。该方法简便、操作容易，但评价人员应熟悉环保专业知识，才能做到判定准确。评价准则如下。

（1）违反国家或地方环境法律法规及标准要求的环境因素（如超标排放污染物，水、电消耗指标偏高等）。

（2）国家法规或地方政府明令禁止使用或限制使用或限期替代使用的物质。

（3）属于国家规定的有害废物。

（4）异常或紧急状态下可能造成严重环境影响（如化学品意外泄漏、火灾、环保设备故障或人为事故的排放）。

（5）环保主管部门或组织的上级机构关注或要求控制的环境因素。

（6）造成国家或地方级保护动物伤害、植物破坏的（如伤害保护动物一只以上，或破坏植物一棵以上）（适用于旅游景区的环境因素评价）。

（7）开发活动造成水土流失而在半年内得到控制恢复的（修路、景区开发、开发区开发），应用时可根据组织活动或服务的实际情况、环境因素复杂程度制定具体的评价准则。评价准则应适合实际，具备可操作、可衡量性，保证评价结果客观、可靠。

2. 多因子评分法

多因子评分法是对能源、资源、固废、废水、噪声五个方面异常、紧急状况制定评分标准。制定评分标准时尽量使每一项环境影响量化，并以评价表的方式，依据各因子的重要性参数来计算重要性总值，从而确定重要性指标，根据重要性指标可划分不同等级，得到环境因素控制分级，从而确定重要环境因素。

在环境因素评价的实际应用中，不同的组织对环境因素重要性的评价准则略有差异，因此，评价时可根据实际情况补充或修订，对评分标准做出调整，使评价结果客观、合理。

(七) 环境因素更新

环境因素更新包括：日常更新和定期更新。企业在体系运行过程中，如本部门环境因素发生变化时，应及时填写"环境因素识别、评价表"，以便及时更新。当发生以下情况时，应进行环境因素更新。

(1) 法律法规发生重大变更或修改时，应进行环境因素更新。

(2) 发生重大环境事故后应进行环境因素更新。

(3) 项目或产品结构、生产工艺、设备发生变化时，应进行环境因素更新。

(4) 发生其他变化需要进行环境因素更新时，应进行环境因素的更新。

第四章 绿色施工主要措施

第一节 环境保护

一、扬尘控制

据调查，建筑施工是产生空气扬尘的主要原因。施工中出现的扬尘主要来源于：渣土的挖掘和清运，回填土、裸露的料堆，拆迁施工中由上而下抛撒的垃圾、堆存的建筑垃圾，现场搅拌砂浆以及拆除爆破工程产生的扬尘等。扬尘的控制应该进行分类，根据其产生的原因采取适当的控制措施。

（一）扬尘控制管理措施

（1）确定合理施工方案：施工前，充分了解场地四周环境，对风向、风力、水源、周围居民点等充分调查分析后，制定相应的扬尘控制措施，纳入绿色施工专项施工方案。

（2）尽量选择工业化加工的材料、部品、构件：工业化生产，减少了现场作业量，大大降低了现场扬尘。

（3）合理调整施工工序：将容易产生扬尘的施工工序安排在风力小的天气进行，如拆除、爆破作业等。

（4）合理布置施工现场：将容易产生扬尘的材料堆场和加工区远离居民住宅区布置。

（5）制定相关管理制度：针对每一项扬尘控制措施制定相关管理制度，并宣传贯彻到位。

（6）配备相应奖惩、公示制度：奖惩、公示不是目的而是手段。奖惩、公示制度配合宣传教育进行，才能将具体措施落实到位。

(二) 场地处理

(1) 硬化措施：施工道路和材料加工区进行硬化处理，并定期洒水，确保表面无浮土。

(2) 裸土覆盖：短期内闲置的施工用地采用密目丝网临时覆盖；较长时期内闲置的施工用地采用种植易存活的花草进行覆盖。

(3) 设置围挡：①施工现场周边设置一定高度的围挡，且保证封闭严密，保持整洁完整。②现场易飞扬的材料堆场周围设置不低于堆放物高度的封闭性围挡，或使用密目丝网覆盖。③有条件的现场可设置挡风抑尘墙。

(三) 降尘措施

(1) 定期洒水：不管是施工现场还是作业面，保持定期洒水，确保无浮土。

(2) 密目安全网：工程脚手架外侧采用合格的密目式安全立网进行全封闭，封闭高度要高出作业面，并定期对立网进行清洗和检查，发现破损立即更换。

(3) 施工车辆控制：①运送土方、垃圾、易飞扬材料的车辆必须封闭严密，且不应装载过满。定期检查，确保运输过程不抛不洒不漏。②施工现场设置洗车槽，驶出工地的车辆必须进行轮胎冲洗，避免污损场外道路。③土方施工阶段，大门外设置吸湿垫，避免污损场外道路。

(4) 垃圾运输：①浇筑混凝土前清理灰尘和垃圾时尽量使用吸尘器，避免使用吹风器等易产生扬尘的设备。②高层或多层建筑清理垃圾应搭设封闭性临时专用道路或采用容器吊运，禁止直接抛撒。

(5) 特殊作业：①岩石层开挖尽量采用凿裂法，并采用湿作业减少扬尘。②机械剔凿作业时，作业面局部遮挡，并采取水淋等措施减少扬尘。③清拆建 (构) 筑物时，提前做好扬尘控制计划。对清拆建 (构) 筑物进行喷淋除尘，并设置立体式遮挡尘土的防护设施，宜采用安静拆除技术降低噪声和减少粉尘。④爆破拆除建 (构) 筑物时，提前做好扬尘控制计划，可采用清理积尘、淋湿地面、预湿墙体、屋面覆水袋、楼面蓄水、建筑外设高压喷雾状水系统、搭设防尘排栅和直升机投水弹等综合降尘。

（6）其他措施：易飞扬和细颗粒建筑材料封闭存放。余料应有及时回收制度。

二、噪声与振动控制

建筑施工噪声是指在建筑施工过程中产生的干扰周围生活环境的声音，国家标准《建筑施工场界环境噪声排放标准》（GB 12523—2011）规定建筑施工场界环境噪声排放昼间不大于70dB，夜间不大于55dB。

（一）噪声与振动控制管理措施

（1）确定合理施工方案：施工前，充分了解现场及拟建建筑基本情况，针对拟采用的机械设备，制定相应的噪声、振动控制措施，纳入绿色施工专项施工方案。

（2）合理安排施工工序：严格控制夜间作业时间，大噪声工序严禁夜间作业。

（3）合理布置施工现场：将噪声大的设备远离居民区布置。

（4）尽量选择工业化加工的材料、部品、构件：工业化生产，减少了现场作业量，大大降低了现场噪声。

（5）建立噪声控制制度，降低人为噪声：①塔式起重机指挥使用对讲机，禁止使用大喇叭或直接高声叫喊。②材料的运输轻拿轻放，严禁抛弃。③机械、车辆定期保养，并在闲置期间及时关机减少噪声。④施工车辆进出现场，禁止鸣笛。

（二）控制源头

（1）选用低噪声、低振动环保设备：在施工中，选用低噪声的搅拌机、钢筋夹断机、风机、电动空压机、电锯等设备，振动棒选用环保型，低噪声低振动。

（2）优化施工工艺：用低噪声施工工艺代替高噪声施工工艺。如桩施工中将垂直振打施工工艺改变为螺旋、静压、喷注式打桩工艺。

（3）安装消声器：在大噪声施工设备的声源附近安装消声器，通常将消声器设置在通风机、鼓风机、压缩机、燃气轮机、内燃机等各类排气放空装置的进出风管适当位置。

(三) 控制传播途径

(1) 在现场大噪声设备和材料加工场地四周设置吸声降噪屏。

(2) 在施工作业面强噪声设备周围设置临时隔声屏障，如打桩机、振动棒等。

(四) 加强监管

在施工现场根据噪声源和噪声敏感区的分布情况，设置多个噪声监控点，定期对噪声进行动态检测，发现超过建筑施工场界环境噪声排放限制的，及时采取措施，降低噪声排放直至满足要求。

三、光污染控制

光污染是通过过量的或不适当的光辐射对人类生活和生产环境造成不良影响。在施工过程中，夜间施工的照明灯及施工中电弧焊、闪光对接焊工作时发出的弧光等形成光污染。

(1) 灯具选择以日光型为主，尽量减少射灯及石英灯的使用。

(2) 夜间室外照明灯加设灯罩，使透光方向集中在施工范围。

(3) 钢筋加工棚远离居民区和生活办公区，必要时设置遮挡措施。

(4) 电焊作业尽量安排在白天阳光下，如夜间施工，需设置遮挡措施，避免电焊弧光外泄。

(5) 优化施工方法，钢筋尽量采用机械连接。

四、水污染控制

水污染是指水体因某种物质的介入，而导致其化学、物理、生物或者放射性等方面特性的改变，从而影响水的有效利用，危害人体健康或者破坏生态环境，造成水质恶化的现象。

施工现场产生的污水主要包括雨水、污水 (生活污水和生产污水) 两类。

（一）保护地下水

（1）基坑降水尽可能少地抽取地下水：①基坑降水优先采用基坑封闭降水措施。②采用井点降水施工时，优先将上层滞水引渗到下层潜水层，使大部分水资源重新回灌至地下。③不得已必须抽取基坑水时，应根据施工进度进行水位检测，发现基坑抽水对周围环境可能造成不良影响，或者基坑抽水量大于 50 万 m³ 时，应进行地下水回灌，回灌时注意采取措施防止地下水被污染。

（2）现场所有污水有组织排放：现场道路、材料堆场、生产场地四周修建排水沟、集水井，做到现场所有污水不随意排放。

（3）化学品等有毒材料、油料的储存地，有严格的隔水层设计，并做好渗漏液收集和处理工作。

（4）施工机械设备使用和检修时，应控制油料污染；清洗机具的废水和废油不得直接排放。

（5）易挥发、易污染的液态材料，应使用密闭容器单独存放。

（二）污水处理

（1）现场优先采用移动式厕所，并委托环卫单位定期清理固定厕所配置化粪池，化粪池应定期清理并有防满溢措施。

（2）现场厨房设置隔油池，隔油池定期清理并有防满溢措施。

（3）现场其他生产、生活污水经有组织排放后，配置沉淀池，经沉淀池沉淀处理后的污水，有条件的可以进行二次使用，不能二次使用的污水，经检测合格后排入市政污水管道。

（4）施工现场雨水、污水分开收集、排放。

（三）水质检测

（1）不能二次使用的污水，委托有资质的单位进行废水水质检测，满足国家相关排放要求后才能排入市政污水管道。

（2）有条件的单位可以采用微生物污水处理、沉淀剂、酸碱中和等技术处理工程污水，实现达标排放。

五、废气排放控制

施工现场的废气主要包括汽车尾气、机械设备废气、电焊烟气以及生活燃料排气等。

(1) 严格机械设备和车辆的选型，禁止使用国家、地方限制或禁止使用的机械设备，优先使用国家、地方推荐使用的新设备。

(2) 加强现场内机械设备和车辆的管理，建立管理台账，跟踪机械设备和车辆的年检和修理情况，确保合格使用。

(3) 现场生活燃料选用清洁燃料。

(4) 电焊烟气的排放符合国家相关标准的规定。

(5) 严禁在现场融化沥青或焚烧油毡、油漆以及其他产生有毒、有害烟尘和恶臭气体的物质。

六、建筑垃圾控制

工程施工过程中要产生大量废物，如泥沙、旧木板、钢筋废料和废弃包装物等，基本用于回填。大量未处理的垃圾露天堆放或简易填埋，占用了大量的宝贵土地并污染了环境。

(一) 建筑垃圾减量

(1) 开工前制定建筑垃圾减量目标。

(2) 通过加强材料领用和回收的监管、提高施工管理，减少垃圾产生以及重视绿色施工图纸会审，避免返工、返料等措施，减少建筑垃圾产量。

(二) 建筑垃圾回收再利用

1. 回收准备

(1) 制定工程建筑垃圾分类回收再利用目标，并公示。

(2) 制定建筑垃圾分类要求：分几类、怎么分类、各类垃圾回收的具体要求是什么都要明确规定，并在现场合适位置修建满足分类要求的建筑垃圾回收池。

(3) 制定建筑垃圾现场再利用方案：建筑垃圾应尽可能在现场直接再利

用，减少运出场地的能耗和对环境的污染。

（4）联系回收企业：以就近的原则联系相关建筑垃圾回收企业，如再生骨料混凝建筑垃圾砖、再生骨料砂浆生产厂家等，并根据相关企业对建筑垃圾的要求，提出现场建筑垃圾回收分类的具体要求。

2. 实施与监管

（1）制定尽可能详细的建筑垃圾管理制度，并落实到位。

（2）制定配套表格，确保所有建筑垃圾受到监控。

（3）对职工进行教育和强调，建筑垃圾尽可能全数按要求进行回收；尽可能在现场直接再利用。

（4）建筑垃圾回收及再利用情况及时分析，并将结果公示。发现与目标值偏差较大时，及时采取纠正措施。

七、地下设施、文物和资源保护

地下设施主要包括人防地下空间、民用建筑地下空间、地下通道和其他交通设施、地下市政管网等设施，这类设施处于隐蔽状态，在施工中应采取必要措施避免其受到损害。

文物作为我国古代文明的象征，采取积极措施保护地下文物是每一个人的责任。

世界矿产资源短缺，施工中做好矿产资源的保护工作也是绿色施工的重要环节。

（一）前期工作

（1）施工前对施工现场地下土层、岩层进行观察，探明施工部位是否存在地下设施、文物或矿产资源，并向有关单位和部门进行咨询和查询，最终认定施工场地存在地下设施、文物或矿产资源具体情况和位置。

（2）对已探明的地下设施、文物或矿物资源，制定适当的保护措施，编制相关保护方案。方案需经相关部门同意并得到监理工程师认可后方可实施。

（3）对施工场区及周边的古树名木优先采取避让方法进行保护，不得已需进行移栽的应经得相关部门同意并委托有资质的单位进行。

(二) 施工中的保护

（1）开工前和实施过程中，项目部应认真向每一位操作工人进行管线、文物及资源方面的技术交底，明确各自责任。

（2）应设置专人负责地下相关设施、文物及资源的保护工作，并需要经常检查保护措施的可靠性，当发现场地条件变化，保护措施失效时应立即采取补救措施。

（3）督促检查操作人员，遵守操作规程，禁止违章作业、违章指挥和违章施工。

（4）开挖沟槽和基坑时，无论人工开挖还是机械开挖均需分层施工。每层挖掘深度宜控制在20～30cm。一旦遇到异常情况必须仔细而缓慢地挖掘，把情况弄清楚后或采取措施后方可按照正常方式继续开挖。

（5）施工过程中如遇到露出的管线，必须采取相应的有效措施，如进行吊托、拉攀、砌筑等固定措施，并与有关单位取得联系，配合施工，以求施工安全可靠。施工过程中一旦发现文物，立即停止施工，保护现场并尽快通报文物部门并协助文物部门做好相应的工作。

（6）施工过程中发现现状与交底或图纸内容、勘探资料不相符时或出现直接危及地下设施、文物或资源安全的异常情况时，应及时通知相关单位到场研究，商议制定补救措施，在未做出统一结论前，施工人员不得擅自处理。

（7）施工过程中一旦发生地下设施、文物或资源损坏事故，必须在24h内报告主管部门和业主，不得隐瞒。

八、人员安全与健康管理

绿色施工讲究以人为本。在国内安全管理中，已引入职业健康安全管理体系，各建筑施工企业也都积极地进行职业健康安全管理体系的建立并取得体系认证，在施工生产中将原有的安全管理模式规范化、文件化、系统化地结合到职业健康安全管理体系中，使安全管理工作成为循序渐进、有章可循、自觉执行的管理行为。

（一）制度体系

（1）绿色施工实施项目应按照国家法律、法规的有关要求做好职工的劳动保护工作，制定施工现场环境保护和人员安全等突发事件的应急预案。

（2）制定施工防尘、防毒、防辐射等职业危害的措施，保障施工人员的长期职业健康。

（3）施工现场建立卫生急救、保健防疫制度，在安全事故和疾病疫情出现时提供及时救助。

（4）现场食堂应有卫生许可证，炊事员应持有效健康证明。

（二）场地布置

（1）合理布置施工场地，保证生活及办公区不受施工活动的有害影响。

（2）高层建筑施工宜分楼层配备移动环保厕所，定期清运、消毒。

（3）现场设置医务室。

（三）管理规定

（1）提供卫生、健康的工作与生活环境，加强对施工人员的住宿、膳食、饮用水等生活与环境卫生等的管理，明显改善施工人员的生活条件。

（2）生活区有专人负责，提供消暑或保暖措施。

（3）现场工人劳动强度和工作时间符合国家的有关规定。

（4）从事有毒、有害、有刺激性气味和在强光、强噪声施工的人员佩戴与其相应的防护器具。

（5）深井、密闭环境、防水和室内装修施工有自然通风或临时通风设施。

（6）现场危险设备、地段、有毒物品存放地配置醒目安全标志，施工应采取有效防毒、防污、防尘、防潮、通风等措施，加强人员健康管理。

（7）厕所、卫生设施、排水沟及阴暗潮湿地带定期消毒。

（8）食堂各类器具清洁，个人卫生、操作行为规范。

（四）其他

（1）提供卫生清洁的生活饮用水。施工期间，派人送到施工作业面。茶水桶应安全、清洁。

（2）提供生活热水。

九、环境管理预案与应急响应

应急物资：氧气、乙炔、油漆；木材、建筑垃圾、易燃装饰材料。

应急场所：电气焊作业点、木工棚、装饰作业点、仓库、食堂。

应急准备措施：施工现场氧气、乙炔、油漆存放于通风条件较好的仓库内，氧气、乙炔放置间距大于 6m，并根据《施工现场消防平面布置图》要求，布置消防灭火器。施工现场建筑垃圾集中堆放，设专人管理。对电气焊作业点、木工棚、装饰作业点、仓库、食堂等作业点或场所布置数量满足《施工现场消防平面布置图》要求的灭火器。

应急处理措施：成立应急响应组织架构，对应急响应的工作人员和管理人员进行岗位教育、消防知识教育、应急准备和响应培训，定期检查应急准备工作情况，并做好记录。发生紧急情况时立即按"紧急事故处理流程"采取应急措施，防止扩散。当紧急事故威胁到人身安全时，必须首先确保人身安全，迅速组织人员脱离危险区域或场所，同时采取应急措施以尽可能减少对环境的影响。紧急事故处理结束后，需填写应急准备和响应报告，经审批后报上级主管部门。项目部应召集有关人员分析发生事故的原因，按《纠正和预防措施程序》的有关规定制定和实施纠正措施，并跟踪验证。二次污染预防是指污染物由污染源排入环境后，在物理、化学或生物作用下生成新的污染物（二次污染物）而对环境产生二次污染的再次污染。通常，二次污染的危害比一次污染严重，并由于其形成机理复杂，防治也较困难。

二次污染物又称"次生污染物"，是一次污染物在物理、化学因素或生物作用下发生变化，或与环境中的其他物质发生反应，所形成的物化特征与一次污染物不同的新污染物，通常比一次污染物对环境和人体的危害更为严重。如水体中无机汞化合物通过微生物作用，可转变为毒性更强的甲基汞化合物，进入人体易被吸收，不易降解，排泄很慢，容易在脑中积累。大气中的二氧化硫和水蒸气可氧化为硫酸，进而生成硫酸雾，其刺激作用比二氧化硫强 10 倍。

(一) 目的

为了在某室内外精装修工程发生火灾事故时，能迅速对事故进行应急处理和救援，避免或减少人员伤亡和财产损失，并能在最短时间内处理好事故，特制定本事故应急救援预案。

(二) 适用范围

适用于某室内外精装修工程项目区域内火灾事故的应急救援与处理。

(三) 组织机构及职责

1. 组织机构

某室内外精装修工程项目火灾事故应急救援小组，成员包括组长、副组长及成员。

2. 职责

(1) 组长职责：①统一指挥事故发生后的应急救援处理。②负责向公司领导汇报事故情况。③负责联系当地消防、医院、公安、环保、政府等有关部门，进行事故现场各部门之间的协调等工作。

(2) 副组长职责：①负责事故现场的应急救援指挥工作。②负责与组长、各救援部门之间的联系。③负责应急救援预案的实施，并进行监督。

(3) 信息联络组职责：①协助副组长对事故现场的应急救援处理；②负责内外部 (119、120) 联系和通信工作，给组长提供及时准确的信息。

(4) 救护组职责：①协助副组长对事故现场的应急救援处理；②负责事故应急救援预案的具体实施；③负责指挥事故应急救援状态下的生产和物资投用。

(四) 应急处理程序

(1) 发现某室内外精装修工程项目范围着火后，最先发现火情的人员要大声呼叫，呼叫内容要明确：某某地点或某某部位失火！将信息准确传出。听到呼叫的任何人，均有责任将火情信息报告给其最近的火灾事故应急救援信息联络员或救护员，使消息迅速报告到火灾事故应急救援领导小组现场指挥处。火灾事故应急救援领导小组现场总指挥负责现场组织工作。

（2）信息联络员根据火势判断是否拨打119，火警事故现场人员马上撤离到安全地带，如火势较大，由信息联络组组员负责拨打火警电话119，报告失火地点、火势、失火材料，同时必须告知公司附近醒目标志建筑，以利于消防队迅速判断方位。信息联络员迅速到路口接车，引领消防车从具备驶入条件的道路迅速到达现场。

（3）应急救援领导小组现场总指挥负责现场组织工作。火情现场的人员，应用衣服堵住口鼻，弯下腰，以最低的姿势迅速撤离失火地点。信息联络组电工负责切断电源。救护员打开消火栓井盖，接通水龙带，用水龙带灭火。

救护员迅速开启灭火器，用灭火器灭火。根据现场情况，使用消防桶提水、用铁锹铲土（砂）。

（4）火灾发生，信息联络员应立即询问最先发现火情的人员有关失火地点情况，了解是否有人员伤害，当怀疑有可能的人员伤害时，迅速拨打120急救电话，告知失火地点、附近醒目建筑物，并派信息联络员去路口接应。

（5）其他人员听从应急救援领导小组的指挥，进行抢险灭火处理。

（6）组长负责向上级领导汇报和对外救援联系。

（7）为防止事故扩大，应急救援领导小组下令停止事故现场周围的一切作业。

（8）信息联络员和救护员在事故发生后，立即疏散楼内无关人员，并禁止与应急救援无关车辆和人员的进入，防止造成人员伤亡和交通堵塞。

（9）若火势太大，无法控制，组长下令救火人员撤离事故现场，以避免造成更大的人员伤亡。

第二节　节材与材料资源利用

节材与材料资源利用是指材料生产、施工、使用以及材料资源利用各环节的节材技术，包括绿色建材与新型建材、混凝土工程节材技术、钢筋工程节材技术、化学建材技术、建筑垃圾与工业废料回收应用技术等。

一、选用绿色建材

(一) 使用绿色建材

选用对人体危害小的绿色、环保建材，满足相关标准要求。绿色建材是指采用清洁生产技术、少用天然资源和能源、大量使用工业或城市固态废物生产的无毒害、无污染、无放射性、有利于环境保护和人体健康的建筑材料。它具有消磁、消声、调光调温、隔热、防火、抗静电的性能，并具有调节人体机能的特种新型功能建筑材料。

(二) 使用可再生建材

可再生建材是指在加工、制造、使用和再生过程中具有最低环境负荷的，不会明显地损害生物的多样性，不会引起水土流失和影响空气质量，并且能得到持续管理的建筑材料。主要是在当地形成良性循环的木材和竹材以及不需要较大程度开采加工的石材和在土壤资源丰富地区，使用不会造成水土流失的土材料等。

(三) 再生建材

再生建材是指材料本身是回收的工业或城市固态废物，经过加工再生产而形成的建筑材料，如建筑垃圾砖、再生骨料混凝土、再生骨料砂浆等。

(四) 使用新型环保建材

新型环保建材是指在材料的生产、使用、废弃和再生循环过程中以与生态环境相协调，满足最少资源和能源消耗，最小或无环境污染，最佳使用性能，最高循环再利用率要求设计生产的建筑材料。现阶段主要的新型环保建材主要有：

(1) 以最低资源和能源消耗、最小环境污染代价生产传统建筑材料。是对传统建筑材料从生产工艺上的改良，减少资源和能源消耗，降低环境污染，如用新型干法工艺技术生产高质量水泥材料。

(2) 发展大幅度减少建筑能耗的建材制品。采用具有保温、隔热等功效的新型建材，满足建筑节能率要求。如具有轻质、高强、防水、保温、隔热、隔声等优异功能的新型复合墙体。

（3）开发具有高性能长寿命的建筑材料。研究能延长构件使用寿命的建筑材料，延长建筑服务寿命是最大的节约，如高性能混凝土等。

（4）发展具有改善居室生态环境和保健功能的建筑材料。我们居住的环境或多或少都会有噪声、粉尘、细菌、放射性等环境危害，发展此类新型建材，能有效改善我们的居住环境，如抗菌、除臭、调温、调湿、屏蔽有害射线的多功能玻璃、陶瓷涂料等。

（5）发展能替代生产能耗高，对环境污染大，对人体有毒有害的建筑材料。水泥因为在其生产过程中能耗高，环境污染大，一直是材料研究人员迫切想找到合适替代品替代的建材，现阶段主要依靠在水泥制品生产过程中添加外加剂，减少水泥用量来实现。如利用粉煤灰、矿渣、外加剂等新材料降低混凝土和砂浆中的水泥用量等。

二、节材措施

(一) 图纸会审时，应审核节材与材料资源利用的相关内容

（1）根据公司提供的《绿色建材数据库》结合现场调查，审核主要材料生产厂家距施工现场的距离，尽量减少材料运距，降低运输能耗和材料运输损耗，绿色施工要求距施工现场 500km 以内生产的建筑材料用量占建筑材料总重量的 70% 以上。

（2）在保证质量、安全的前提下，尽量选用绿色、环保的复合新型建材。

（3）在满足设计要求的前提下，通过优化结构体系，采用高强钢筋、高性能混凝土等措施，减少钢筋、混凝土用量。

（4）结合工程和施工现场周边情况，合理采用工厂化加工的部品和构件，减少现场材料生产，降低材料损耗，提高施工质量，加快施工进度。

(二) 编制材料进场计划

根据进度编制详细的材料进场计划，明确材料进场的时间批次，减少库存，降低材料存放损耗并减少仓储用地，同时防止到料过多造成退料的转

运损失。

(三)制定节材目标

绿色施工要求主要材料损耗率比定额损耗率降低30%。开工前应结合工程实际情况、项目自身施工水平等制定主要材料的目标损耗率，并予以公示。

(四)限额领料

根据制定的主要材料目标损耗率和经审定的设计施工图，计算出主要材料的领用限额，根据领用限额控制每次的领用数量，最终实现节材目标。

(五)动态布置材料堆场

根据不同施工阶段特点，动态布置现场材料堆场，以就近卸载方便使用为原则，避免和减少二次搬运，降低材料搬运损耗和能耗。

(六)场内运输和保管

(1)材料场内运输工具适宜，装卸方法得当，有效避免损坏和遗撒造成的浪费。

(2)现场材料堆放有序，储存环境适宜，措施得当。保管制度健全，责任落实。

(七)新技术节材

(1)施工中采取技术和管理措施提高模板、脚手架等周转次数。

(2)优化安装工程中预留、预埋、管线路径等方案，避免后凿后补，重复施工。

(3)现场建立废弃材料回收再利用系统，对建筑垃圾分类回收，尽可能在现场再利用。

三、结构材料

(一)混凝土

(1)推广使用预拌混凝土和商品砂浆:预拌混凝土和商品砂浆大幅度降低了施工现场的混凝土、砂浆生产,在减少材料损耗。降低环境污染、提高施工质量方面有绝对优势。

(2)优化混凝土配合比:利用粉煤灰、矿渣、外加剂等新材料降低混凝土和砂浆中的水泥用量。

(3)减少普通混凝土的用量,推广轻骨料混凝土:与普通混凝土相比,轻骨料混凝土具有自重轻,保温隔热性、抗火性、隔声性好等特点。

(4)注重高强度混凝土的推广与应用:高强度混凝土不仅可以提高构件承载力,还可以减小混凝土构件的截面尺寸,减轻构件自重,延长使用寿命,预制混凝土构件包括新型装配式楼盖、叠合楼盖、预制轻混凝土,减少装修。

(5)推广预制混凝土构件的使用:预制混凝土构件包括新型装配式楼盖、叠合楼盖、预制轻混凝土内外墙板和复合外墙板等,使用预制混凝土构件,可以减少现场生产作业量,节约材料,减低污染。

(6)推广清水混凝土技术:清水混凝土属于一次性浇筑成型的材料,不需要其他外装饰,既节约材料又降低污染。

(7)采用预应力混凝土结构技术:据统计,工程采用无黏结预应力混凝土结构技术,可节约钢材约25%,混凝土约1/3,同时减轻了结构自重。

(二)钢材

(1)推广使用高强钢筋:使用高强钢筋,减少资源消耗。

(2)推广和应用新型钢筋连接方法:采用机械连接、钢筋焊接网等新技术。

(3)优化钢筋配料和钢构件下料方案:利用计算机技术在钢筋及钢构件制作前对其下料单及样品进行复核,无误后方可批量下料,减少下料不当造成的浪费。

（4）采用钢筋专业化加工配送：钢筋专业化加工配送，减少钢筋余料的产生。

（5）优化钢结构制作和安装方法。大型钢结构宜采用工厂制作，现场拼装；宜采用分段吊装、整体提升、滑移、顶升等安装方法，减少用材量。

（三）围炉材料

（1）门窗、屋面、外墙等围护结构选用耐候性、耐久性较好的材料。

一般来讲，屋面材料、外墙材料要具有良好的防水性能和保温隔热性能，而门窗多采用密封性、保温隔热性能、隔声性能良好的型材和玻璃等材料。

（2）屋面或墙体等部位的保温隔热系统采用配套专用的材料，确保系统的安全性和耐久性。

（3）施工中采取措施确保密封性、防水性和保温隔热性。

特别是保温隔热系统与围护结构的节点处理，尽量降低热桥效应。

四、装饰装修材料

（1）装饰装修材料购买前，应充分了解建筑模数，尽量购买符合模数尺寸的装饰装修材料，减少现场裁切量。

（2）贴面类材料在施工前应进行总体排版，尽量减少非整块材料的数量。

（3）尽量采用非木质的新材料或人造板材代替木质板材。

（4）防水卷材、壁纸、油漆及各类涂料基层必须符合国家标准要求，避免起皮、脱落。各类油漆及黏结剂应随用随开启，不用时应及时封闭。

（5）幕墙及各类预留预埋应与结构施工同步。

（6）对于木制品及木装饰用料、玻璃等各类板材等宜在工厂采购或定制。

（7）尽可能采用自黏结片材，减少现场液态黏结剂的使用量。

（8）推广土建装修一体化设计与施工，减少后凿后补。

五、周转材料

周转材料，是指企业能够多次使用、逐渐转移其价值但仍保持原有形态不确认为固定资产的材料，在建筑工程施工中可多次利用使用的材料，如钢架杆、扣件、模板、支架等。

施工中的周转材料一般分为四类。

(1)模板类材料：浇筑混凝土用的木模、钢模等，包括配合模板使用的支撑材料、滑模材料和扣件等，按固定资产管理的固定钢模和现场使用固定大模板则不包括在内。

(2)挡板类材料：土方工程用的挡板等，包括用于挡板的支撑材料。

(3)架料类材料：搭脚手架用的竹竿、木杆、竹木跳板、钢管及其扣件等。

(4)其他：除以上各类之外，作为流动资产管理的其他周转材料，如塔式起重机使用的轻轨、枕木(不包括附属于塔式起重机的钢轨)，以及施工过程中使用的安全网等。

(一) 管理措施

(1)周转材料企业集中规模管理：周转材料归企业集中管理，在企业内灵活调度，减少材料闲置率，提高材料使用功效。

(2)加强材料管理：周转材料采购时，尽量选用耐用、维护与拆卸方便的周转材料和机具。同时，加强周转材料的维修和保养，金属材料使用后及时除锈、上油并妥善存放；木质材料使用后按大小、长短码放整齐，并确保存放条件，同时在全公司范围内积极调度，避免周转材料存放过久。

(3)严格使用要求：项目部应该制定详细的周转材料使用要求，包括建立完善的领用制度、严格周转材料使用制度(现场禁止私自裁切钢管、木坊、模板等)、周转材料报废制度等。

(4)优先选用制作、安装、拆除一体化的专业队伍进行模板施工。

(二) 技术措施

(1)优化施工方案，合理安排工期，在满足使用要求的前提下，尽可能减少周转材料租赁时间，做到"进场即用，用完即还"。

(2)推广使用定型钢模、钢框胶合板、铝合金模板、塑料模板等新型模板。

(3)推广使用管件合一的脚手架体系。

（4）在多层、高层建筑建设过程中，推广使用可重复利用的模板体系和工具式模板支撑。

（5）高层建筑的外脚手架，采用整体提升、分段悬挑等方案。

（6）采用外墙保温板替代混凝土模板、叠合楼盖等新的施工技术，减少模板用量。

（三）临时设施

（1）临时设施采用可拆迁、可回收材料。

（2）临时设施应充分利用既有建筑物、市政设施和周边道路。

（3）最大限度地利用已有围墙做现场围挡，或采用装配式可重复使用围挡封闭的方法。

（4）现场办公和生活用房采用周转式活动房。

（5）现场钢筋棚、茶水室、安全防护设施等应定型化、工具化、标准化。

（6）力争工地临时用房、临时围挡材料的可重复使用率达到70%。

第三节　节水与水资源利用

一、提高用水效率

（一）施工过程中采用先进的节水施工工艺

如现场水平结构混凝土采取覆盖薄膜的养护措施，竖向结构采取刷养护液养护，杜绝了无措施浇水养护；对已安装完毕的管道进行打压调试，采取从高到低、分段打压，利用管道内已有水循环调试等。

（二）施工现场供、排水系统合理适用

（1）施工现场给水管网的布置本着"管路就近、供水畅通、安全可靠"的原则。在管路上设置多个供水点，并尽量使这些供水点构成环路。

（2）应制定相关措施和监督机制，确保管网和用水器具不渗漏。

（三）制定用水定额

（1）根据工程特点，开工前制定用水定额，定额应按生产用水、生活办公用水分开制定，并分别建立计量管理机制。

（2）大型工程应该分不同单项工程、不同标段、不同施工阶段、不同分包生活区制定用水定额，并采取不同的计量管理机制。

（3）签订标段分包或劳务合同时，应将用水定额指标纳入相关合同条款，并在施工过程中计量考核。

（4）专项重点用水考核：对混凝土养护、砂浆搅拌等用水集中区域和工艺点单独安装水表，进行计量考核，并有相关制度配合执行。

（四）使用节水器具

施工现场办公室、生活区的生活用水 100% 采用节水器具，并派专人定期维护。

（五）施工现场建立雨水、中水收集利用系统

（1）施工场地较大的项目，可建立雨水收集系统，回收的雨水用于绿化灌溉、机具车辆清洗等；也可修建透水混凝土地面，直接将雨水渗透到地下滞水层，补充地下水资源。

（2）现场机具、设备、车辆冲洗用水应建立循环用水装置。

（3）现场混凝土养护、冲洗搅拌机等施工过程水应建立回收系统，回收水可用于现场洒水降尘等。

二、非传统水源利用

非传统水源不同于传统地表水供水和地下水供水的水源，包括再生水、雨水、海水等。

（一）基坑降水利田

基坑优先采取封闭降水措施，尽可能少地抽取地下水。不得已需要基坑降水时，应该建立基坑降水储存装置，将基坑水储存并加以利用。基坑水可用于绿化浇灌、道路清洁洒水、机具设备清洗等，也可用于混凝土养护用水和部分生活用水。

(二)雨水收集利用

施工面积较大，地区年降雨量充沛的施工现场，可以考虑雨水回收利用。收集的雨水可用于洗衣、洗车、冲洗厕所、道路冲洗等，也可采取透水地面等直接将雨水渗透至地下，补充地下水。

雨水收集可以与中水回收结合进行，共用一套回收系统。

雨水收集应注意蒸发量，收集系统尽量建于室内或地下，建于室外时，应加以覆盖减少蒸发。

(三)施工过程水回收

(1)现场机具、设备、车辆冲洗用水应建立循环用水装置。

(2)现场混凝土养护、冲洗搅拌机等施工过程水应建立回收系统，回收水可用于现场洒水降尘等。

三、安全用水

(1)基坑降水再利用、雨水收集、施工过程水回收等非传统水源再利用时，应注意用水工艺对水质的要求，必要时进行有效的水质检测，确保满足使用要求。一般回收水不用于生活饮用水。

(2)利用雨水补充地下水资源时，应注意渗透地面地表的卫生状况，避免雨水渗透污染地下水资源。

(3)不能二次利用的现场污水，应经过必要处理，经检验满足排放标准后方可排入市政管网。

第四节　节能与能源利用

施工节能是指建筑工程施工企业采取技术上可行、经济上合理、有利于环境、社会可接受的措施，提高施工所耗费能源的利用率。

施工节能主要是从施工组织设计、施工机械设备及机具、施工临时设施等方面，在保证安全的前提下，最大限度地降低施工过程中的能量损耗，提高能源利用率。

一、节能措施

(一) 制定合理的施工能耗指标，提高施工能源利用率

施工能耗非常复杂，目前尚无一套比较权威的能耗指标体系供大家参考。因此，制定合理的施工能耗指标必须依靠施工企业自身的管理经验，结合工程实际情况，按照"科学、务实、前瞻、动态、可操作"的原则进行，并在实施过程中全面细致地收集相关数据，及时调整相关指标，最终形成比较准确的单个工程能耗指标供类似工程参考。

(1) 根据工程特点，开工前制定能耗定额，定额应按生产能耗、生活办公能耗分开制定，并分别建立计量管理机制。一般能耗为电能，油耗较大的土木工程、市政工程等还包括油耗。

(2) 大型工程应该分不同单项工程、不同标段、不同施工阶段、不同分包生活区制定能耗定额，并采取不同的计量管理机制。

(3) 进行进场教育和技术交底时，应将能耗定额指标一并交底，并在施工过程中计量考核。

(4) 专项重点能耗考核：对大型施工机械，如塔式起重机、施工电梯等，单独安装电表，进行计量考核，并有相关制度配合执行。

(二) 优先使用国家、行业推荐的节能、高效、环保的施工设备和机具

国家、行业和地方会定期发布推荐、限制和禁止使用的设备、机具、产品名录，绿色施工禁止使用国家、行业、地方政府明令淘汰的施工设备、机具和产品，推荐使用节能、高效、环保的施工设备和机具。

(三) 施工现场分别设定生产、生活、办公和施工设备的用电控制指标，定期进行计量、核算、对比分析，并有预防和纠正措施

按生产、生活、办公三区分别安装电表进行用电统计，同时，大型耗电

设备做到一机一表单独用电计量。

定期对电表进行读数，并及时将数据进行横向、纵向对比分析结果，发现与目标值偏差较大或单块电表发生数据突变时，应进行专题分析，采取必要措施。

（四）在施工组织设计中，合理安排施工顺序、工作面，以减少作业区域的机具数量，相邻作业区充分利用共有的机具资源

在编制绿色施工专项施工方案时，应进行施工机具的优化设计。优化设计应包括：

（1）安排施工工艺时，优先考虑能耗较少的施工工艺。例如在进行钢筋连接施工时，尽量采用机械连接，减少采用焊接连接。

（2）设备选型应在充分了解使用功率的前提下进行，避免设备额定功率远大于使用功率或超负荷使用设备的现象。

（3）合理安排施工顺序和工作面，科学安排施工机具的使用频次、进场时间、安装位置、使用时间等，减少施工现场机械的使用数量和占用时间。

（4）相邻作业区应充分利用共有的机具资源。

（五）根据当地气候和自然资源条件，充分利用太阳能、地热等可再生能源

太阳能、地热等作为可再生的清洁能源，在节能措施中应该利用一切条件加以利用。在施工顺序和时间的安排上，应尽量避免夜间施工，充分利用太阳光照。另外在办公室、宿舍的朝向、开窗位置和面积等的设计上也应充分考虑自然光照射，节约电能。太阳能热水器作为可多次使用的节能设备，有条件的项目也可以配备，作为生活热水的部分来源。

二、机械设备与机具

（一）建立施工机械设备管理制度

（1）进入施工现场的机械设备都应建立档案，详细记录机械设备名称、型号、进场时间、年检要求、进场检情况等。

（2）大型机械设备定人、定机、定岗，实行机长负责制。

（3）机械设备操作人员应持有相应上岗证，并进行了绿色施工专项培训，有较强的责任心和绿色施工意识，在日常操作中，有节能意识。

（4）建立机械设备维护保养管理制度，建立机械设备年检台账、保养记录台账等，做到机械设备日常维护管理与定期维护管理双到位，确保设备低耗、高效运行。

（5）大型设备单独进行用电、用油计量，并做好数据收集，及时进行分析比对，发现异常，及时采取纠正措施。

（二）机械设备的选择和使用

（1）选择功率与负载相匹配的施工机械设备，避免大功率施工机械设备低负载长时间运行。

（2）机电安装可采用节电型机械设备，如逆变式电焊机和能耗低、效率高的手持电动工具等，以利节电。

（3）机械设备宜使用节能型油料添加剂，在可能的情况下考虑回收利用，节约油量。

（三）合理安排工序

工程应结合当地情况、公司技术装备能力、设备配置情况等确定科学的施工顺序。工序的确定以满足基本生产要求，提高各种机械的使用率和满载率，降低各种设备的单位能耗为目的。施工中，可编制机械设备专项施工组织设计。编制过程中，应结合科学的施工顺序，用科学的方法进行设备优化，确定各设备功率和进出场时间，并在实施过程中，严格执行。

三、生产、生活及办公临时设施

（1）利用场地自然条件，合理设计生产、生活及办公临时设施的体形、朝向、间距和窗墙面积比，使其获得良好的日照、通风和采光。可根据需要在其外墙窗设遮阳设施。

建筑物的体形用体形系数来表示，是指建筑物接触室外大气的外表面积与其所包围的体积的比值。体积小、体形复杂的建筑，体形系数较大，对节能不利；因此应选择体积大、体形简单的建筑，体形系数较小，对节能较为有利。

我国地处北半球，太阳光一般都偏南，因此建筑物南北朝向比东西朝向节能。

窗墙面积比为窗户洞口面积与房间立面单元面积（房间层高与开间定位线围成的面积）的比值。加大窗墙面积比，对节能不利，因此外窗面积不应过大。

（2）临时设施宜采用节能材料，墙体、屋面使用隔热性能好的材料，减少夏季空调设备的使用时间及能耗。

临时设施用房宜使用热工性能达标的复合墙体和屋面板，顶棚宜进行吊顶。

（3）合理配置采暖、空调、风扇数量，并有相关制度确保合理使用，节约用电。

应有相关制度保证合理使用，如规定空调使用温度限制、分段分时使用以及按户计量，定额使用等。

四、施工用电及照明

（1）临时用电优先选用节能电线和节能灯具。采用声控、光控等节能照明灯具。电线节能要求合理选用电线、电缆的截面。绿色施工要求办公、生活和施工现场，采用节能照明灯具的数量宜大于总数量的80%，并且照明灯具的控制可采用声控、光控等节能控制措施。

（2）临时用电线路合理设计、布置，临时用电设备宜采用自动控制装置。在工程开工前，对建筑施工现场进行系统的、有针对性的分析，进行临时用电线路设计，在保证工程用电就近的前提下，避免重复铺设和不必要的浪费铺设，减少用电设备与电源间的路程，降低电能传输过程的损耗。

制定齐全的管理制度，对临时用电各条线路制定管理、维护、用电控制等措施，并落实到位。

（3）照明设计应符合国家现行标准《施工现场临时用电安全技术规范》（JGJ 46—2005）的规定。照明设计以满足最低照度为原则，照度不应超过最低照度的20%。

（4）根据施工总进度计划，在施工进度允许的前提下，尽可能少地进行夜间施工。夜间施工完成后，关闭现场施工区域内大部分照明，仅留必要的和小功率的照明设施。

（5）生活照明用电采用节能灯，生活区在夜间规定时间内要关灯并切断供电。办公室白天尽可能使用自然光源照明，办公室所有管理人员养成随手关灯的习惯，下班时关闭办公室内所有用电的设备。

第五节　节地与施工用地保护

临时用地是指在工程建设施工和地质勘察中，建设用地单位或个人在短期内需要临时使用，不宜办理征地和农用地转用手续的，或者在施工、勘察完毕后不再需要使用的国有或者农民集体所有的土地（不包括因临时使用建筑或者其他设施而使用的土地）。

临时用地就是临时使用而非长久使用的土地，在法规表述上可称为"临时使用的土地"，与一般建设用地不同的是：临时用地不改变土地用途和土地权属，只涉及经济补偿和地貌恢复等问题。

一、临时用地指标

（1）临时设施要求平面布置合理、组织科学、占地面积小，在满足环境、职业健康与安全及文明施工要求的前提下尽可能减少废弃地和死角，临时设施占地面积有效利用率大于90%。

（2）根据施工规模及现场条件等因素合理确定临时设施，如临时加工厂、现场作业棚及材料堆场、办公生活设施等的占地指标。临时设施的占地面积应按用地指标所需的最低面积设计。

（3）建设工程施工现场用地范围，以规划行政主管部门批准的建设工程用地和临时用地范围为准，必须在批准的范围内组织施工。如因工程需要，临时用地超出审批范围，必须提前到相关部门办理批准手续后方可占用。

（4）场内交通道路布置应满足各种车辆机具设备进出场、消防安全疏散要求，方便场内运输。场内交通道路双车道宽度不宜大于6m，单车道不宜大于 3.5m，转弯半径不宜大于 15m，且尽量形成环形通道。

二、临时用地保护

（一）合理减少临时用地

（1）在环境和技术条件可能的情况下，积极应用新技术、新工艺、新材料，避开传统的、落后的施工方法，例如在地下工程施工中尽量采用顶管、盾构、非开挖水平定向钻孔等先进施工方法，避免传统的大开挖，减少施工对环境的影响。

（2）深基坑施工，应考虑设置挡墙、护坡、护脚等防护设施，以缩短边坡长度。在技术经济相比较的基础上，对深基坑的边坡坡度、排水沟形式与尺寸、基坑填料、取弃土设计等方案进行比选，避免高填深挖，尽量减少土方开挖和回填量，最大限度地减少对土地的扰动，保护周边自然生态环境。

（3）合理确定施工场地取土和弃土场地地点，尽量利用山地、荒地作为取、弃土场用地；有条件的地方，尽量采用符合技术标准的工业废料、建筑废渣填筑，减少取土用地。

（4）尽量使用工厂化加工的材料和构件，减少现场加工占地量。

（二）红线外临时占地应环保

红线外临时占地应尽量使用荒地、废地，少占用农田和耕地。工程完工后，及时对红线外占地恢复原地形、地貌，使施工活动对周边环境的影响降至最小。

（三）利用和保护施工用地范围内原有绿色植被

施工用地范围内原有绿色植被，尽可能原地保护，不得已需移栽时，请有资质的相关单位组织实施；施工完后，尽快恢复原有地貌。

对于施工周期较长的现场，可按建筑永久绿化的要求，安排场地新建绿化。

三、施工总平面布置

（1）不同施工阶段有不同的施工重点，因此施工总平面布置应随着工程进展，动态布置。

（2）施工总平面布置应做到科学、合理，充分利用原有建筑物、构筑物、道路、管线为施工服务。

（3）施工现场搅拌站、仓库、加工厂、作业棚、材料堆场等布置应尽量靠近已有交通线路或即将修建的正式或临时交通道路，缩短运输距离。

（4）临时办公和生活用房应采用经济、美观、占地面积小、对周边地貌环境影响较小，且适合于施工平面布置动态调整的多层轻钢活动板房、钢骨架多层水泥活动板房等可重复使用的装配式结构。

（5）生活区和生产区应分开布置，生活区远离有毒有害物质，并宜设置标准的分隔设施避免受生产影响。

（6）施工现场围墙可采用连续封闭的轻钢结构预制装配式活动围挡，减少建筑垃圾，保护土地。

（7）施工现场道路布置按永久道路和临时道路相结合的原则布置，施工现场内形成环形通路，减少道路占用土地。

（8）临时设施布置注意远近结合（本期工程与下期工程），努力减少和避免大量临时建筑拆迁和场地搬迁。

（9）施工现场内裸露土方应有防水土流失措施。

参考文献

[1] 赵军生.《建筑工程施工与管理实践》[M].天津：天津科学技术出版社，2022.

[2] 李玉萍.《建筑工程施工与管理》[M].长春：吉林科学技术出版社，2019.

[3] 蒲娟，徐畅，刘雪敏.《建筑工程施工与项目管理分析探索》[M].长春：吉林科学技术出版社有限责任公司，2020.

[4] 钟汉华，董伟.《建筑工程施工工艺》[M].重庆：重庆大学出版社，2020.

[5] 周太平.《建筑工程施工技术》[M].重庆：重庆大学出版社，2019.

[6] 王喜.《建筑工程施工技术》[M].北京：阳光出版社，2018.

[7] 杜涛.《绿色建筑技术与施工管理研究》[M].西安：西北工业大学出版社，2021.

[8] 沈艳忱，梅宇靖.《绿色建筑施工管理与应用》[M].长春：吉林科学技术出版社，2018.

[9] 焦营营，张运楚，邵新.《智慧工地与绿色施工技术》[M].徐州：中国矿业大学出版社，2019.

[10] 宋义仲.《绿色施工技术指南与工程应用》[M].成都：四川大学出版社，2019.